★ 探索未知丛书

上海科普图书创作出版专项资助
上海市优秀科普作品

新闻出版总署向全国少年儿童推荐的百种优秀图书

U0627740

塑造生命

张 辉 编写

少年儿童出版社

序

  "探索未知"丛书是一套可供广大青少年增长科技知识的课外读物，也可作为中、小学教师进行科技教育的参考书。它包括《星际探秘》《海洋开发》《纳米世界》《通信奇迹》《塑造生命》《奇幻环保》《绿色能源》《地球的震颤》《昆虫与仿生》和《中国的飞天》共10本。

  本丛书的出版是为了配合学校素质教育，提高青少年的科学素质与思想素质，培养创新人才。全书内容新颖，通俗易懂，图文并茂；反映了中国和世界有关科技的发展现状、对社会的影响以及未来发展趋势；在传播科学知识中，贯穿着爱国主义和科学精神、科学思想、科学方法的教育。每册书的"知识链接"中，有名词解释、发明者的故事、重要科技成果创新过程、有关资料或数据等。每册书后还附有测试题，供学生思考和练习所用。

  本丛书由上海市老科学技术工作者协会编写。作者均是学有专长、资深的老专家，又是上海市老科协科普讲师团的优秀讲师。据2011年底统计，该讲师团成立15年来已深入学校等基层宣讲一万多次，听众达几百万人次，受到社会认可。本丛书汇集了宣讲内容中的精华，作者针对青少年的特点和要求，把各自的讲稿再行整理，反复修改补充，内容力求新颖、通俗、生动，表达了老科技工作者对青少年的殷切期望。本丛书还得到了上海科普图书创作出版专项资金的资助。

上海市老科学技术工作者协会

编委会

目　录

引 言 ……………………………………………………… 1

一、生命的起源…………………………………………… 2

　　生命起源的假说 ……………………………………… 2

　　探索生命起源的实验 ………………………………… 5

二、生物的进化…………………………………………… 9

　　物竞天择，适者生存 ………………………………… 10

　　生物进化的历程 ……………………………………… 11

　　大爆炸与大灭绝 ……………………………………… 12

　　人类的出现 …………………………………………… 17

三、从"天择"到"人择"……………………………… 19

　　塑造新物种 …………………………………………… 19

　　各种诱变的手段 ……………………………………… 21

四、分子生物学…………………………………………… 27

　　基因在哪里 …………………………………………… 28

　　人类基因组计划 ……………………………………… 32

　　基因的差异 …………………………………………… 34

五、基因工程……………………………………………… 37

　　设计生命的蓝图 ……………………………………… 38

　　"剪刀"和"胶水" ………………………………… 39

　　基因转移的载体 ……………………………………… 40

　　"培养"基因 ………………………………………… 41

　　转基因农牧业 ………………………………………… 41

基因"药厂" ································· 43

转基因食品安全吗 ························· 45

六、基因医学 ································· 49

疾病与基因 ································· 49

基因诊断 ································· 51

基因治疗 ································· 52

基因药物 ································· 55

七、克隆 ································· 57

植物的克隆 ································· 58

没有"外祖父"的蟾蜍 ················· 61

多莉的诞生 ································· 62

克隆的价值 ································· 64

恐龙能否复活 ································· 65

复制一个你 ································· 67

八、神奇的"种子"—— 干细胞 ········· 71

干细胞的研究 ································· 72

绝症不绝 ································· 77

塑造人体"零件" ························· 77

结束语 ································· 83

测试题 ································· 85

引　言

　　我们生活在一个充满生机的世界里。放眼望去：从挺拔的大树到翠绿的小草，从成群结队的小蚂蚁到体形笨重的大象，还有微小的细菌和藻类……所有生存在大自然里的动物、植物和微生物都是鲜活的生命。

　　目前，我们可以认为生命是地球上独有的现象，是在地球独特的自然条件下出现的。因为地球上适宜的温度、水和空气，生命才得以生存、繁衍并进化。而地球也正是因为有了生命，才变得如此生机勃勃、生生不息。

　　在这本书里，你将了解到，生命究竟是从哪里来的，人类又是如何解读生命的秘密的；人类在解读了生命密码之后，又是如何尝试重塑生命，为人类服务，甚至改造人类自身的。

一、生命的起源

著名科学家霍金 2006 年访问中国时，在演讲中提出了"为何我们在此？我们从何而来？"的问题。这个"我们"，当然是指人类。科学家的回答是：地球上的各种生命，包括我们人类，都是从原始生命进化而来。为了验证原始生命诞生的过程，一代代的科学家做了许多实验，付出了种种努力。

生命起源的假说

对于生命的起源，科学家提出了多种假说。在介绍这些假说之前，我们不妨先为生命下一个定义。恩格斯认为：生命是蛋白质存在的一种形式。从概括的意义上来说，这无疑是对的。生命的基本构成是蛋白质，生命是蛋白质存在的一种独特的形式。

假如具体一点来描述生命，我们可以发现，各种各样的生命都有相同的特征。例如，每一种生命都具有一定的形态结构；每一种生命都有生也有死；每一种生命会通过各种形式达到数量上的增殖、繁衍后代；每一种生命都能与外界进行物质交换，新陈代谢等。

那么，生命是怎样在地球上诞生的，它是和地球同一天诞生的吗？经过长期的探索研究，科学家认为，生命并不是和地球同一天诞生的。在原始的地球上并不存在生命的踪迹。在地球诞生约 8 亿年后，生命才出现于这个星球。最初的生命形式是非常简单的。现今地球上最简单的生命是类病毒和病毒。但它们不同于原始生命，因为它们必须凭借其他生物的细胞才能复制繁衍。所以，原始生命应该比类病毒还要简单得多。现有的各种各样的生物都是从最原始的生命进化而来。这一历程非常漫长，长达几十亿年！

我们不可能回到原始的地球上去了解生命的起源，只能用科学的方法推测。于是就产生了种种生命起源的假说。其中得到多数认同的，是苏联生物化学家奥巴林在 1922 年提出的生命起源的"三部曲"。

烟草花叶病毒

奥巴林的"三部曲"

奥巴林认为，生命的起源分为三个步骤：第一步，从无机物生成有机小分子；第二步，从有机小分子形成氨基酸、蛋白质、核酸等高分子聚合物；第三步，形成具有新陈代谢、能够自我复制的原始生命体，最终产生细胞。

地球大约形成于 46 亿年前。它从一个炽热的球体逐渐冷却，形成

原始地球

了外层固体的地壳、内层熔融状的地幔和核心高密度的地核。那时，地球的周围弥漫着原始的大气。原始大气的主要成分是氢和氦，其后它的主要成分转变为二氧化碳、甲烷、氢、氨、氮和水汽，以后又产生了氰化物等有机小分子。水汽渐渐凝结为雨，携带着原始大气中的有机小分子汇入原始海洋。经历了较长时期的集聚后，原始海洋的局部水域浓缩成"一锅有机汤"，让不同的有机小分子之间有了聚合的机会。于是，氨基酸、核苷酸直到蛋白质和核酸等复杂的有机化合物就形成了。随后，一些大分子出现了有序的排列，又产生了界膜……原始生命就此诞生了。

其他学说

除了奥巴林的生命起源"三部曲"以外，还有其他关于地球生命起源的一些假说，有的大同小异，有的却大相径庭。

火山学派的观点是生命的诞生和火山有关。他们认为，由于火山爆发生成了大量大分子磷酸。这种物质溶入海水，成为地球生命之源。有的假说认为生命可能起源于金星，也有的认为生命的"种子"来自外太空。但有些人认为生命是神创造的，那就是虚妄的了。在没有得到生命起源的确切证据之前，有各种假说也是自然的。只要锲而不舍，我们终有一天能彻底解开生命起源之谜。

地球上原始生命的诞生过程，经历了漫长的岁月，既有其偶然性，也有其必然性。地球虽然有其独特的条件，例如比较适合的温度和液态的水，但具备了这些条件并不等于必然会产生生命。另外，原始生命诞生了，也不可能一下子生成很多。它诞生以后，不一定就能顺利地繁衍和进化，遇到任何不利于它生存的情况都可能消亡。不过，假定只有一个个体能够幸运存活下来，它就成为当今万物的惟一祖先。不管怎么说，是当时地球独特的条件塑造了原始的生命。

探索生命起源的实验

为了验证生命起源的假说，科学家做了许多实验，付出了种种努力。

美国芝加哥大学的米勒安装了一个密闭的循环装置。他往这个装置里充进甲烷、氨气、氢气和水蒸气，用以模拟原始大气。他还安装了电极释放电火花，模拟原始地球的闪电。一星期之后，他发现装置的冷凝水中溶有多种氨基酸、有机酸和尿素等有机分子。

提出生命起源"三部曲"的奥巴林也做了实验。他的实验最初是将白明胶（蛋白质）的水溶液与阿拉伯胶（糖）的水溶液混在一起。混合之后，溶液由透明变为混浊。经过一段时间后，他在显微镜下发现，均匀的溶液中出现了小滴状的团聚体。团聚体的四周与水液还有明显的界限呢！过了一些时间，团聚体小滴外围部分渐渐增厚，并

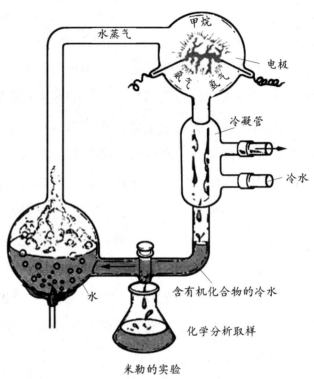

米勒的实验

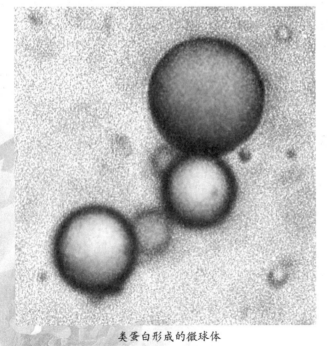

类蛋白形成的微球体

形成一种膜样结构，与周围介质完全分隔开来。奥巴林还观察到团聚体存在增长与繁殖的现象。说明这些团聚体小滴具有初步的生命现象，有原始生命代谢的特性。

美国学者福克斯等人也进行了实验。他们把干的氨基酸混合物加热到170℃，随后继续加热数小时，直到混合物

变成黏滞的液体。接着，他们把混合物放入 1% 的氯化钠溶液中。液体随即混浊起来，形成了无数类蛋白微球体。这些微球体经过处理后就显出双层的厚膜，还具有某些生物学特性。它们在温度波动的情况下有时会出芽，而且还可以合并别的微球体而扩大自己。

在生命起源的研究领域，中国的科学家取得了令人瞩目的成就。中国科学院赵玉芬院士就进行了相关的研究。1997 年，她在学术讨论会上的报告中阐明，磷酰化氨基酸系统具有自组装特性，可以组装成多肽、多核苷酸，还可以组装成生物膜。她提出一个基于 N- 磷酰化氨基酸自组装的蛋白质和核酸共进化的模型，这个模型有可能比其他假说更加接近于原始生命产生的实际。

赵玉芬

美国基因学家文特尔曾对人类基因组计划作出重要贡献。近年来，他致力于人造生命的研究。以往的几位科学家都是从无机物—有机物—原始生命着手实验的，文特尔则不同。他与一些科学家合作，研究测定了一种最简单的生命——生殖支原体（只有一条染色体）的全部基因，并逐步剔除一些基因，以确定作为一个具有生命全部特征的生命体，最少要有多少基因。然后，他们把这些基因进行人工组合，并植入到一个支原体细胞的空壳中去。2007 年 10 月，文特尔宣布，他的研究小组已经合成人造染色体。这个染色体有 381 个基因，包括 58 万个碱基对。他们还成功地把这个染色体放进了一个支原体的"壳"里，并使其在培养基上繁殖。

2010 年 5 月，文特尔的研究小组又宣布了他们的最新进展。他们创造了"辛西娅"：第一个人工合成的基因组，第一个人工合成的细胞，也是第一种以计算机为父母的可以自我复制的生物。他们首先合成了蕈状支原体的基因组。随后，成功把合成的蕈状支原体基因组移植到另外

文特尔

一类细菌山羊支原体中，并让新的基因组取代了宿主细胞原有的基因组。新的细胞包含了蕈状支原体的基因以及山羊支原体的细胞膜和细胞质。

揭示生命起源的奥秘是人类孜孜以求的理想。科学家正发挥着锲而不舍的精神，用自己的聪明才智不断进取。他们的努力为人类早日揭开谜底创造了美好的前景。

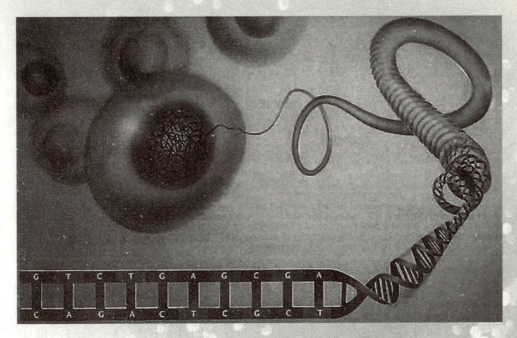

二、生物的进化

原始生命诞生，是地球史上了不起的大事。然而，它却悄无声息地来了。原始生命的结构是如此的简单，数量是如此的稀少，在原始的地球上，它们是很不起眼的角色。但随着时间的推移，顽强不息的生命活动开始在地球的各个角落展开，由简单到复杂，从低级到高级，从单一种类发展到千万、亿万种……生命不断进化，在地球史上开创了一个轰轰烈烈的新纪元。

　　地球特定的环境条件塑造出了生命。在环境和内外因素的影响下，生命不可能一成不变。当生命的某些变化更加适应于生存和繁衍时，它就加速发展。当某些变化不利于发展，使生命处于劣势时，它可能就会被淘汰。没有被淘汰的生命则从低级到高极、由简单到繁复，不断进化。适应各种不同的条件，是生命发展必然的趋势。

物竞天择，适者生存

直到 19 世纪中叶，人类对于世间万物从哪里而来还不得而知。在那个时候，连大科学家牛顿都说：植物是由变弱的彗星尾巴形成的。许多人认为生物是自然发生的，还有许多人认为，包括我们人在内，地球上所有生物都是神创造的。《圣经》里就写着：上帝用 6 天时间创造了万物。

1831—1836 年，英国的达尔文以博物学者的身份，参加了"贝格尔号"舰的环球考察航行。在 5 年的航行中，他考察了南美洲东海岸的巴西、阿根廷等地和西海岸及相邻的岛屿。然后跨过了太平洋到大洋洲，继而越过印度洋到达南非，再绕好望角经大西洋回到巴西。最后，他于 1836 年 10 月 2 日返抵英国。达尔文一路上观察、搜集了大量动植物和地质方面的资料。回国后，他通过试验、总结和长期思考，逐步形成了生物进化的理论。

达尔文

1859 年，达尔文出版了划时代的著作《物种起源》。这本书不但以丰富的事实论证了生物的进化，还提出了自然选择理论，对生物的多样性和适应性做出了合理的解释。此后，达尔文又出版了《动植物在家养条件下的变异》和《人类起源和性选择》等著作。书中大量的观测实例，进一步充实和发展了生物进化的理论。达尔文的著作标志着现代生物进化理论的形成，引发了近代最重要的一次科学革命。他的进化学说，被恩格斯誉为 19 世纪自然科学三大发现之一。

赫胥黎是达尔文学说的积极支持者，他进一步发展了达尔文的思想，是最早提出人类起源问题的学者之一。1894 年，赫胥黎的《进化与伦理学》（严复翻译的中译本书名是《天演论》）出版。他在书中详细演绎了达尔文的学说，并把其核心思想概括为：物竞天择，适者生存。这就是说：在自然界的生物间充满了相互竞争，同时生物又会受环境影响而产生变异。那些适应环境的生物就具有优势，能够生存并发展，不然就会被淘汰。在这种规律下，生物就不断地由低级向高级的方向进化。

虽然达尔文的进化论受到他所接触、搜集的资料以及认识上的限制，没能充分圆满地解释生物进化中的所有问题，但他的理论在原则上是正确的，并带动了近代生物学的发展。古生物学家在查证生物的系统发展过程时，发现达尔文的进化论中尚有不少缺失的环节。经过近一个世纪以来几代人的努力，他们终于找到了许多过渡类型的化石。这些新发现为研究生物进化提供了许多补充与印证，进一步完善了达尔文的理论。

生物进化的历程

据多数科学家的意见，地球上的生命来自海洋。在原始海洋的"有机汤"里，由于含金属的泥土的催化作用，氨基酸会集合起来组成链，核苷酸也会连接起来，形成核苷酸链。前者成为原始的蛋白质，后者则成为传递信息、指示氨基酸如何组织排列形成某种蛋白质的原始的核酸。显然，这种东西已非常接近于生命了。它们进一步发展，使得地球上真正的生命在海洋里诞生了。新生命虽然微小、脆弱，但靠海水的保护，避免了原始地球陆地上强烈紫外线的伤害，避免了温度剧变带来的灾难，顺利地繁殖着、发展着……

大约 5 亿年前，古老的三叶虫出现了。它们在水面上游来游去，在

三叶虫化石

海底泥沙里钻来钻去，生活得非常舒适。它们在海洋里称王称霸达 3 亿年之久。随着时间的流逝，三叶虫无法适应新的环境，不得不退出历史舞台，让位给适应性更强的鱼类。在以后的 5000 万年里，鱼类统治了海洋。后来，有些鱼"登"上陆地，在陆地上继续进化、繁衍，从而使这部生命进行曲又开始了它的陆上篇章。大约在 300 万年前，古猿终于进化成为人类。不难看出，生命的童年时代是在海洋里度过的。要是没有海洋，没有海洋里那些溶解着多种化合物的水，恐怕我们的地球至今仍是一片荒凉和死寂，就像我们看到的月球那样。因此，我们总是说：海洋是生命的摇篮！

地球上的生物界进化出了许许多多高等的动植物，但比较简单的生命形式依然存在。它们是各种单细胞生物，以及不具备细胞形态的病毒及类病毒。古生物学家已经发现了 30 多亿年前的细菌化石，但还没能找到更原始的生命形式。

比较简单的生物与高等动植物并存，构成了地球的生态系统，这也是维持整个生态系统所必需的。如果没有细菌对有机物的分解，动植物的尸体和排泄物会堆积起来，物质循环就此停滞，植物就不可能再得到可以利用的养料。而没有了植物，动物也就没法生存了。

大爆炸与大灭绝

生物自诞生之后，从来没有停滞过进化的历程。现在的种种生物，包括我们人类在内，仍在进化之中。不过，由于进化过程是非常缓慢的，不大可能在几百年间就看出其产生的演变。

但事物也有例外。现在我们经常发现，某些抗生素对人体的治疗效果不灵了。这是因为人类过度使用抗生素，病毒或细菌对它产生了抗药性。这就是微生物的一种适应的变异，实质上也是一种进化。这种情况，

知识链接

澄江动物化石群

20世纪80年代中期，中国古生物学家在云南澄江发现了大规模的动物化石群。这些化石门类繁多，极其精美，为世界近代古生物研究史上所罕见。

科学家经过考察确认，那些在澄江帽天山的黄色石层中突然出现的许多门类不同体形的动物化石，形成于寒武纪初叶，也就是5.3亿年以前。除了低等植物藻类外，大量代表现在各个动物门类的动物化石同时在那里出现。从海绵、水母、触手类、虫类、腕足类、各种节肢类到最高等的脊索或半脊索动物，另外还包括了很多已经灭绝、形状古怪的动物，共有35～38门。除了动物的肢体、触毛等微细分支清楚可见之外，水母类的软组织如神经、水管等都保存了下来。

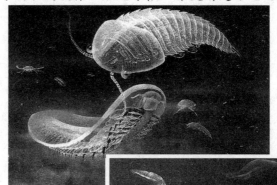

通过澄江动物化石群，我们不仅能知道在寒武纪生物大爆发时产生了哪些动物，还能初步了解不同动物的生活方式和食性。澄江动物化石或许还能帮助我们了解寒武纪生物大爆发中生物演化的原因，以及诱发这种大爆发的理由。

澄江动物群
部分物种

13

一般都在十几年甚或几年内就可能发生。

科学家发现，生物进化有时发展很慢，有时却会在短时段内出现大量新物种。他们把这种情况称为物种大爆炸。反之，如果在不长的时间里许多生物消失了，就是物种大灭绝。

地质年代与生物发展阶段对照表

宙	代	纪	距今时间（百万年）	生物发展阶段	
显生宙	新生代	第四纪	1.6	人类时代	被子植物
		新第三纪	23	哺乳动物	
		老第三纪	65		
	中生代	白垩纪	135	恐龙时代爬行动物	裸子植物
		侏罗纪	205		
		三叠纪	245		
	古生代	二叠纪	290	两栖动物	蕨类植物
		石炭纪	365		
		泥盆纪	410	鱼类时代	
		志留纪	438		
		奥陶纪	510	无脊椎动物大发展	藻类繁盛时期
		寒武纪	570	三叶虫时代生命大爆发	
隐生宙	元古代	震旦纪		动物开始出现	
		青白口纪			
		蓟县纪	1800		
		长城纪	2500		
				细菌、蓝藻时期	
	太古代		4600	生命形成时期	

比较典型的物种大爆炸，发生在距今大约5亿年前的寒武纪。在当时的几百万年里，生物的形态和种类发生了飞跃性的变化，许多无脊椎动物纷纷出现，并向大型化和多元化方向演变，改变了延续几十亿年的只有简单生物的局面。

古生物学家认为，物种大爆炸是在多种因素共同作用下发生的。其中一个可能的因素是，海洋中进行光合作用的微型生物大量繁衍，吸收二氧化碳，放出氧气。于是，大量氧气迅速改变了地球大气的成分。大气中丰富的氧源也使海洋中的动物活跃起来。另一个可能的因素是从分子生物学的角度来推断的。科学家认为，当时的生物体可能积累很多的突变。在稳定的环境条件下，这些突变不显现。一旦环境发生很大的变化时，这些潜在的突变基因就一下子表达出来，造成生物形态和结构的明显变化。

寒武纪物种大爆炸之后，地球上曾多次发生物种大灭绝，使半数以上的物种衰败、消失。物种大灭绝主要有两次：一次发生在距今约2.5亿年前的二叠纪末期，另一次发生在距今约6500万年前的白垩纪末期。不过，大量原有物种灭绝，也为新物种的出现创造了条件，使生态系统得到更新，进化也前进一步。

距今约2.5亿年前的二叠纪末期，估计地球上有96%的物种灭绝。

寒武纪海洋

其中，海洋生物90%灭绝，陆地生物则70%灭绝。这是地球史上最大、也是最严重的物种灭绝事件。这次大灭绝使得占领海洋近3亿年的那些生物从此衰败并消失，让位于新的生物种类，生态系统也获得了一次最彻底的更新。这次物种大灭绝，也为恐龙类等爬行动物的进化铺平了道路。

科学界普遍认为，这一大灭绝是地球历史从古生代向中生代转折的里程碑。其他各次大灭绝所引起的海洋生物种类的下降幅度都不及其1/6，也没有使生物演化进程产生如此重大的转折。

二叠纪大灭绝之后，恐龙等爬行动物开始兴盛。而到了白垩纪，处于霸主地位的恐龙等生物的灭绝，又为哺乳动物的兴起及人类的最后登场提供了契机。

科学家推测，物种大灭绝的出现，除某些物种自身的弱点外，更重要的是客观条件的巨大变化：如地球上发生了大量的火山爆发，陨星对地球的撞击以及由此而引起的气候变化等。比如，在二叠纪曾经

二叠纪大灭绝
上：大灭绝前的海洋生物
下：大灭绝后的海洋生物

发生海平面下降和大陆漂移，造成了生物史上最严重的物种大灭绝。地层中大量沉积的富含有机质的页岩是这场灾难的证明。

人类的出现

在爬行动物时代，哺乳动物是一个弱小的群体。大型爬行动物恐龙在地球上消失之后，给了哺乳动物这个群体发展的机会，逐渐出现了许多新物种，灵长类动物也因此兴起。

现代人（人科，人属，智人种）共同的祖先源自几十万年前的非洲。人类是从古猿进化而来的，其演化过程大致经历了南方古猿—能人—直立人—早期智人—晚期智人—现代人等几个阶段。世界各地都发现了许多相关的化石。从猿到人的演变，首先开始于离开树居生活，直立行走。由于直立行走，双手得以解放，使得手足有了分工，促进大脑的发育进化。而工具的使用和制造，逐步使人类的祖先与其他类人猿分离。大约在 300 万年前，古猿终于进化成为人类。当人类的祖先学会了使用火以

从猿到人

后，开始吃熟食，这更促进了人类身体特别是智力的发育。人类的文明史由此开创。

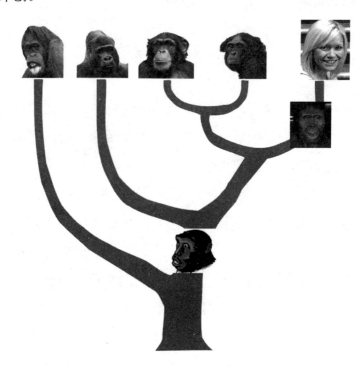

三、从"天择"到"人择"

人类本身是进化的产物。人类诞生之后，在很长时期里，依靠采集和狩猎为生。随着工具的改进、合作的发展以及选择更适宜的聚居地，采集和狩猎所得逐渐丰富起来，除满足消耗以外就有所剩余。人们发现剩余的动物在人的控制下可以繁殖后代，多余的植物种子到地里，也可以长出新的植物。于是，原始农牧业就产生了。随着人类社会的发展，人类培育的各种新物种不断产生，带来了越来越丰富的动植物食品资源。

塑造新物种

达尔文《物种起源》的第一章就是"家养状况下的变异"。1868 年，他又出版了《动植物在家养条件下的变异》一书。他在书中指出，栽培

从大刍草到玉米

植物和家养动物显著不同于（自然条件下的）野生种，还会出现形形色色的变种或亚变种。它们相互间的差异，一般比自然状况下的任何物种或变种的个体间的差异都大。

在农牧业实践中，人们发现畜养动物和种植植物的后代存在差异和变异。随后，人们又掌握了好种出好苗的规律，开始按需要有选择地留种。于是部分生物的演变，跳出了单纯的物竞天择的圈子，由"天择"转变为"人择"。

"人择"的目标是按人类自身的需要来塑造动植物，如优质、高产、口味好、营养全面、抗旱耐涝、病虫害少等等。通过长时间的"人择"，物种的变化是巨大的。今天栽培的玉米已经有许多品种。它们的模样也与其祖先——大刍草大相径庭了。在古代不同时期猪造型的陶器中，我们也可以看到野猪到家猪的演变过程。家猪、家犬、家鸡等，与它们野生祖先的差异都非常大，已经分属不同的物种了。

中国的农牧业有悠久的历史，培育成了许

多姿多彩的金鱼

20

超级水稻

多传统的优良品种，如鲁西黄牛、湖羊、梅山猪、九斤黄鸡、北京鸭、老来青水稻、矮脚白菜等，数不胜数。其中，最典型的要数金鱼和牡丹。金鱼由金鲫鱼培育而来。经过几百年的培育，如今中国各具特色的金鱼品种已达500个以上。而号称"国色天香"的牡丹的品种则已达上千种。

择优留种是农牧业育种的基本措施之一，另一个办法是杂交育种。杂交育种就是让不同的品种甚至物种杂交，使某些优良的品质集合起来，得到新的品种。骡子就是把马和驴这两个不同的物种杂交得到的。"水稻之父"袁隆平院士培育的超级水稻，亩产高达800千克以上，最高亩产超过1吨。这种水稻就是运用了种间杂交的方法培育而成的。除了选优、杂交之外，发现变异个体，并进行提纯、固定也是"人择"的主要手段。

各种诱变的手段

然而，选育一个优良品种并固定下来需要很长时间，要经过几代甚至十几代人的努力。随着科学技术的发展，人们发现可以利用化学、物理等手段来刺激生物，改变它的遗传信息，再从中选择、培育成动植物和微生物的新品种。这一新的育种手段，使我们能快速获得有利用价值的种子。

化学诱变

常用的化学诱变剂有甲基磺酸乙酯等烷化剂、碱基类似物、盐酸羟胺以及秋水仙碱一类的生物碱等。化学诱变剂一般被用来处理植物种子或加入组织培养的培养基中。这些化学诱变剂有的直接改变 DNA 的遗传密码，有的可以干扰细胞分裂而引发突变，从而改变植物的遗传信息。科学家再从这些植物的后代中选出符合理想的变异个体，传代固定。

物理诱变

物理诱变，主要是应用 x 射线、γ 射线、中子、激光、紫外线和离子束等照射微生物或植物体，造成生物的遗传信息变异，从而获得具有新特性的后代。中国有不少以"辐照 ×× 号"命名的优良作物品种，它们都是用物理诱变的方法培育的。中国植物辐射诱变育种开展得比较

对照　　重瓣突变　　对照　　诱变种　　大丽花　　对照　　非洲紫罗兰　　对照　　同株双色　　诱变种　　鸡冠花　　长寿花　　重离子诱变花朵

早，发展较快，已育成了几百个新品种，占世界辐射诱变育成品种总数的 1/4 左右。其中，"浙辐 802" 水稻已连续多年大面积推广，栽培面积达到上亿亩。

另外，辐射诱变也可应用于防治害虫。其主要原理是通过辐照使害虫丧失繁殖后代的能力，从而减少害虫的危害。

太空育种

太空育种是在特殊条件下的综合性物理诱变。科学家把各种作物的种子搭载在人造卫星或飞船中送到太空，让太空中的宇宙射线、真空、失重等条件影响种子。回收以后，在种子中筛选出具有优良性状的变异品种。

变异的表现：
▲营养成分变异
▲抗病变异
▲抗旱变异
▲果形变异
▲粒形变异

1 将种子装入飞船

2 太空环境影响

3 种子基因变异

4 返回地面后筛选优良的变异品质

5 种植和培育

太空育种原理

太空品种

普通品种

太空蔬菜

1987 年 8 月 5 日,随着中国第 9 颗返回式科学试验卫星的成功发射,一批农作物种子、菌种和昆虫等地球生物被送向了遥远的天际,开启了中国农作物种子首次太空之旅。此后,中国又连续发射了 5 颗返回式卫星,除了搭载植物种子、菌种、藻类、昆虫、鱼、动物细胞外,还搭载了部分测试仪器。中国航天育种研究工作全面展开。2006 年 9 月 9 日,中国首颗以空间诱变育种为主要任务的返回式科学试验卫星——“实践 8 号”育种卫星成功发射。在这颗卫星中,科学家设置了专用的细胞培养箱和植物培养箱。卫星上装载了粮、棉、油、蔬菜、林果花卉等 9 大类 2000 余份, 约 215 千克农作物种子和菌种。

　　据统计, 至 2007 年, 中国由航天育种培育出的农作物新品种已经累计推广 850 万亩, 增产粮食 3.4 亿千克, 创直接经济效益 5 亿元。

　　相对来说,科学家对化学诱变有一定程度的把握,可以预测被诱变的种子大致的变异方向,物理诱变和太空育种目前还无法设想可能发生的变异。当然,不论什么方法造成的形形色色的变异,可能是好的也可能是差的,被干扰的种子的优劣只能在后代中反复筛选。

倍性育种

　　一般植物的细胞中都具有来自父本与母本双方的两套染色体,为二倍体。有些植物细胞内只含有一套染色体,被称为单倍体。有的植物在特殊条件下(包括人工促变)发生突变,细胞中染色体成倍增加(三倍或更多),形成多倍体。出于育种的目的,增加或减少生物的染色体组,就是倍性育种。

　　例如,西瓜味道很好,但如果瓜籽太多,未免扫兴。为此,农学家培育了三倍体的西瓜 —— 无籽西瓜。他们把自然的二倍体西瓜与经过诱变产生的四倍体西瓜杂交后,形成三倍体的西瓜种子。这些种子长成瓜苗，开花后，以二倍体有籽西瓜授粉，结出的果实就是无籽西瓜。正常西瓜的染色体是 22 条，而无籽西瓜染色体为 33 条。由于是三倍体，所以它本身没有繁殖能力，所以就没有籽了。

以上的诱变手段一般多用在植物上。对动物的诱变主要是出于科学研究的目的，还没有应用到生产实践中去。

四、分子生物学

在人类研究生物的历史上，达尔文对生物进化的研究成果是一大贡献。他那个时代对生物的研究，主要是从观察生物的分布、外形、习性等，结合地质资料着手的。后来，生物学家开始运用显微镜等手段，深入研究生物的细胞结构，探索生物整体的生理功能。20世纪50年代，科学家开始从更微观的分子水平来揭示了生命的奥秘。人类由此触及生命活动最基本的层次，创建了一门新的学科——分子生物学。分子生物学为生命科学开启了一个全新阶段，而基因及相关问题的研究正是分子生物学中最重要的部分。

基因在哪里

基因是英语 gene 这个词的音译，源自希腊语，意思是遗传信息的基本功能单位，也有基本因子的含义。那么，基因这个基本因子究竟在哪里呢？

从遗传因子到基因

人体是由许许多多的细胞组成的。在显微镜下，我们可以看到细胞分为细胞膜、细胞质和细胞核三个部分。每个细胞以细胞膜为界限，成为一个有一定形状的结构单位。

细胞虽小，作用却十分重要。比如，我们人体的新陈代谢、绿色植物的光合作用、生物体的生长发育以及对外界环境刺激的反应，都离不开细胞。所以说，细胞是生命的基本功能单位。

种瓜得瓜，种豆得豆，子女身上总有父母的影子，这就是遗传。生物遗传的秘密就躲藏在细胞里。可是究竟在细胞的哪一个部分里呢？遗传又是怎样实现的？探索这个过程，科学家经历了漫长的时间和艰苦的历程。

19 世纪后半期，奥地利修道士孟德尔从豌豆杂交的实验中发现了遗传因子分离定律和遗传因子组合定律。这两个定律是现代遗传学的基础。因此，孟德尔被称为现代遗传学之父。孟德尔认为：遗传信息是存在物质基础的，并称之为遗传因子。后来，丹麦遗传学家约翰森提议用基因一词来代替遗传因子，得到了广泛

孟德尔

赞同。

接着，德国生物学家弗莱明发现了细胞核里的染色体与细胞的分裂有关。那它和基因有没有关系呢？这个问题留给了美国生物学家摩尔根。20 世纪初，摩尔根通过著名的果蝇试验，确定了基因就存在于染色体上。但基因到底是由什么物质组成的？这在当时还是个谜。

1868 年，瑞士人米歇尔从脓血细胞中发现一种酸性的有机化合物。由于它在细胞核内，又呈酸性，所以人们就把它叫做核酸。20 世纪初，德国化学家科赛尔和他的学生琼斯、列文弄清了核酸的基本化学结构。原来，核酸是由几千到几千万个核苷酸组成的大分子。每个核苷酸则由碱基、核糖和磷酸构成。构成核酸的碱基有 5 种：腺嘌呤 (A)、鸟嘌呤 (G)、胞嘧啶 (C)、胸腺嘧啶 (T) 和尿嘧啶 (U)。核糖有两种：核糖和脱氧核糖，后者比前者少一个氧原子。因此核酸分为核糖核酸（RNA）和脱氧核糖核酸（DNA）。

由此我们确认，染色体由 DNA、RNA 和蛋白质组成，那基因具体在哪儿呢？开始，科学家大都认为蛋白质是遗传信息的载体。1944 年，美国细菌学家艾弗里通过肺炎球菌实验，认识到 DNA 就是遗传物质。但这个发现没有得到广泛的承认。1952 年，美国微生物学家赫尔希等人，用同位素标记技术做了噬菌体侵染大肠杆菌的实验，证明了 DNA 有传递遗传信息的功能。此后，再也无人怀疑 DNA 是遗传物质了。原来，基因的物质基础就是 DNA。

为 DNA 照相

我们可以想象，作为遗传物质的基因数量应该是十分庞大的。因为一个生物体的全部的性状——小到眼睛的颜色，大到生命的孕育、诞生，全部蕴藏在基因里。那么作为基因物质基础的 DNA 是怎样表示这些庞

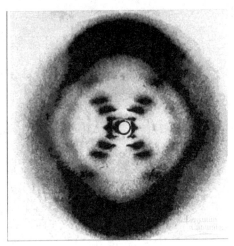

富兰克林和她拍摄的 DNA 晶体 x 射线的衍射照片

大的信息的呢？它的分子结构又是什么样的呢？

为了窥视 DNA 的结构，科学家决定为 DNA 拍照。当然这不能用普通的照相机。执行照相任务的是英国科学家富兰克林。她通过 x 射线衍射获得了 DNA 晶体结构的照片。

与此同时，美国的沃森和英国的克里克两位科学家也在研究 DNA 的结构。他们曾经设想过几种模型，但一直没什么实质的进展。但当他们看到富兰克林的照片以后，深受启发。随后，他们发现了 DNA 的双螺旋结构。

原来，DNA 分子是由两条螺旋排列的核苷酸链组成。它好像一部扭转的梯子，"扶手"由磷、糖连结而成，"阶梯"则由腺嘌呤、鸟嘌呤、胞嘧啶、胸腺嘧啶 4 种碱基组成。

遗传信息的秘密

1967 年，遗传密码的结构全部被破解。原来基因就是具有遗传效应的特定的 DNA 片段。DNA 上排列的碱基每 3 个为一组，成为密码子。它决定产生何种氨基酸，而氨基酸正是组成蛋白质的基本结构。4 种碱基可以组成 64 种（即 4³）不同的组合。60 种组合分别代表 20 种氨基酸，另有 4 组是作为"标点符号"，代表一种蛋白质（肽）构成的起始点和终止点。一个基因包含的核苷酸长链，就可形成一种或多种蛋白质。不同的蛋白质则有不同的生理功能。

沃森　　　　　克里克

遗传信息的秘密就在于 4 种核苷酸千变万化但有序的排列。这就好比我们的汉字：构成汉字的虽然只有几种基本的笔画，但这些基本笔画的不同组合，可以成为成千上万的字，字再根据一定规律组成词，并集合成为句子乃至文章。当然，这里也缺不了标点符号。

后来人们又发现，多数生物遗传信息的载体是 DNA，细胞中的 RNA 主要担负转译、传递信息和生成蛋白质的作用。但部分病毒（特别是植物病毒）不含 DNA，RNA 就成了它们遗传信息的载体。

DNA 的发现和破译堪称是生命科学的伟大里程碑。它揭开了遗传信息的秘密，为人类创造新物质、人工培育新品种、甚至改造人类自己，提供了理论基础，开辟了人类塑造生命的新时代。这同时也佐证了地球上现存的一切生物只有一个共同祖先的理论。生物学从此进入了分子研究水平。

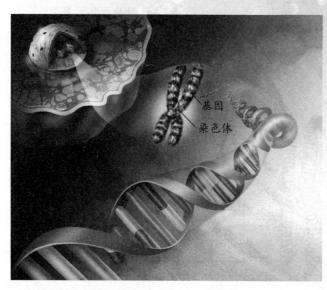

基因
染色体

人类基因组计划

一种生物全部基因的集合，叫做基因组。要了解生物的全貌，必须掌握它的基因组，测出其全部编码的排列顺序。最初，科学家用化学方法测序，但过程十分繁琐。一种很简单的生物的遗传信息，也有几百个基因，几十万个碱基序列。测序要花费很长的时间，成本也很高。给一种哺乳动物测序，要用很多年，花费上千万美元的费用。后来，科学家应用染色、荧光等方法加上计算机技术，使测序的进度大大加快了。

人类的细胞中共有 23 对染色体，上面包含了 30 亿个碱基对。根据碱基的数量以及人体的复杂功能，科学家最初认为人类的染色体上应该有 10 万个基因。不过现在知道，人类的染色体上只有近 3 万个基因，比预计少得多。

为了破译决定人类生老病死的"天书"——人类基因组，一项宏伟的计划诞生了。1990 年 10 月，美国投资 30 亿美元启动了被誉为生命"登月计划"的国际人类基因组计划。这个计划的最终目标是完全解读人类染色体上的全部基因密码，弄清人类的全部遗传信息。

这一计划启动后，各国科学家纷纷响应。英国率先在 1999 年报道，该

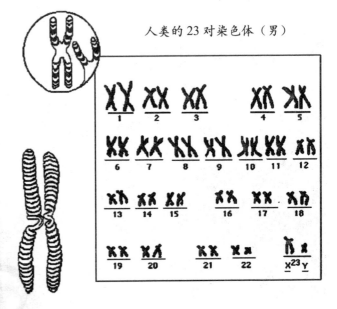

人类的 23 对染色体（男）

国科学家完成了人类第22号染色体中DNA的全序列测定。1999年9月，中国获准加入这一研究，成为参与这一计划的惟一发展中国家。中国负责测定人类基因组全部序列的1%，也就是3号染色体上的3000万个碱基对。从此，北京与上海等地的科学家联手向这一生命科学的高

人类蛋白质组计划

　　人类蛋白质组计划是继人类基因组计划后，全球生命科学领域又一次浩大的合作工程。蛋白质组是指一种基因组所表达的全套蛋白质。其研究可以直接揭示生命活动规律和本质特点，以及人类重大疾患发生与发展的病理机制。

　　2001年，国际人类蛋白质组组织成立，人类蛋白质组计划同时启动。2002年，人类血浆蛋白质组计划和人类肝脏蛋白质组计划启动。其后两年间又启动了人类脑蛋白质组计划、大规模抗体计划、蛋白质组标准计划以及模式动物蛋白质组计划。其中，人类肝脏蛋白质组计划由中国发起、领衔并承担30%的研究任务。

炎黄计划

　　为了更好地了解中国（东亚）人的基因与复杂性疾病的关系，科学家急需一张真正的中国（东亚）人特有的医学遗传图谱。利用这张图谱，能全面筛选中国（东亚）人特异性的疾病基因，为基因预测、预防医学研究作好铺垫。为此，深圳华大基因研究院等研究机构的科学家实施了炎黄计划，选取包括中国各民族和东亚地区不同国家人群在内的100个个体，建立东亚人种特异性的高密度、高分辨医学遗传图谱。

峰发起冲刺。经过半年的努力，中国科学家就出色地完成了所承担的任务。

2000年6月26日，人类基因组计划通过国际合作所取得的阶段性成果公布于世。这次公布的是一份人类基因组的工作草图或者说是框架图。2006年5月18日，《自然》杂志网络版上发表了人类1号染色体的基因序列。破译人体基因密码的"生命之书"终于宣告完成。

测序的完成，是不是就能解读人类生老病死的秘密了？不，它只是按章节"抄录"了这本"天书"的字句。读懂它，还要弄清所有基因的功能及相互的关系，弄清人体所有蛋白质（约25万种）与基因的联系。这些都属于后基因组的工作。完成这些工作，仍需要全球科学家10～20年甚至更长时间的努力。正在进行的人类蛋白质组计划和中国的炎黄计划等都属于后基因组的工作。

基因的差异

物种与物种之间的不同、生物个体之间的不同，都是源于基因的差异。通过生物之间基因组异同的研究，可以方便和准确地阐明生物的进化关系，也便于生物的科学分类。人和微生物的基因当然差异很大。但据研究，人类基因组里也包含若干源自细菌的基因，这也说明了生物进化过程中的复杂关系。人类与同属灵长类的其他动物的差异就比较小，特别是与黑猩猩的基因差异只有不到5%。人与人之间在体形、相貌乃至声音等方面有很大差异，不同民族和人种的外形差异更大。不过，人类个体之间的基因差异还不到0.5%。

基因认证

在法律和行政上要确切地认证一个人，以往通常应用的是相貌（照片）、血型和指纹等。这些方法都有相当的局限性。例如，照片往往不容易区别相貌十分相似的两个人，整容手术也可以在相当程度上改变容貌。在亲子鉴定方面，血型的异同只能起到排除的作用，而无法确证。犯罪现场提取的嫌疑人的指纹，常常不够完整和清晰，难以对比。虽然目前由于信息技术的进步，研制出一些新方法，但总有一定的限制。相对来说，DNA 认证就更有优越性了。因为世界上没有两个人的基因组是完全相同的。

　　一些可能判处极刑的重大案件的作案嫌疑人，在捕获以后，往往需要进行 DNA 检测认证，以验明正身。如 2004 年 2 月，在云南大学杀害 4 名学生的马加爵，在同年 3 月被抓捕后，他对罪行供认不讳，但相关人员还是对他进行了 DNA 认证。

　　个人的 DNA 数据通过信息技术录在一张卡片上，就成为他的基因身份证。与第二代身份证（除照片外还有指纹信息）相比，基因身份证能更加确实可靠地证明一个人的身份。今后若干年，可能人人都有这

样一个证件，到医院看病的时候也可以提供给医生，作为诊断疾病的参考依据。中国已经有医院尝试为几十个

人制作了这样的基因身份证。

基因芯片

在许多场合，为了认证个人或者检测疾病基因，都要进行基因测序。但在一般情况下，没有必要费时费力进行全序列的检测。一种简便的方法应运而生了，这就是被称作基因芯片的检测工具。基因芯片一般只有手指甲那么大，上面植有成千上万 DNA 片断（基因探针）组成的微阵列。如果被检测的样品与芯片上面的探针有相同的序列，就会相互结合，发出点点荧光信号，指示检测结果。不同用途的基因芯片上植有不同的探针，如鉴别个人身份，就用最能体现个人差异的那些 DNA 片断；诊断某些疾病，就用与该疾病相关的 DNA 片断……

基因芯片示意图

五、基因工程

人类在掌握了生物遗传信息的秘密，并了解各种基因的功能以后，就发现自己取得了塑造生命的更大自由。

如果说，过去人类在塑造生命的理论与实践中带有一定的盲目性，那么，在解读了基因的秘密之后，这种盲目性就大大减少了。我们终于可以根据自己的需要，按设计的蓝图来塑造新的生命了。基因工程便应运而生。

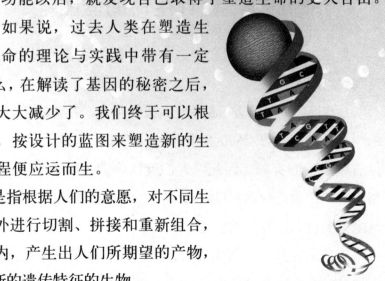

基因工程是指根据人们的意愿，对不同生物的基因在体外进行切割、拼接和重新组合，再转入生物体内，产生出人们所期望的产物，或创造出具有新的遗传特征的生物。

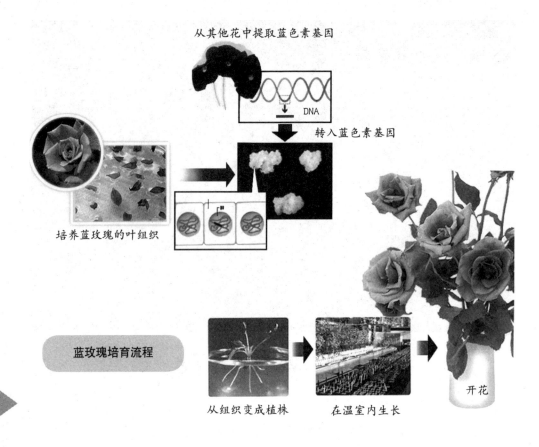

从其他花中提取蓝色素基因

DNA

转入蓝色素基因

培养蓝玫瑰的叶组织

蓝玫瑰培育流程

从组织变成植株　　　在温室内生长

开花

设计生命的蓝图

那么，基因工程到底是怎么回事呢？我们先从基因工程培育的蓝玫瑰说起吧。

玫瑰既美丽又芳香，是人见人爱的花卉。人类栽培玫瑰已经有 5000 年的历史，培育出了 2500 多个品种。但遗憾的是，在这个大家族里始终没有蓝玫瑰的身影。因此，人们就认为蓝玫瑰是不可能被培育出来的。所以，英语里蓝玫瑰（blue rose）这个词也就有了"不可能会有的东西，从未见到过的事物"的意思。

为什么在玫瑰家族里没有蓝玫瑰呢？原来玫瑰里缺少了一种酶。有了这种能产生蓝色素的酶，才能有蓝玫瑰。日本的一家公司从蓝三叶草中提取蓝色素基因，用基因重组技术改变玫瑰的遗传因子排列，成功地培育出了第一株真正的蓝玫瑰。这株玫瑰的花瓣中所含的蓝色素，纯度接近 100%。

下面，我们就来看看基因工程具体是怎么回事。假设我们现在要获得一种能够抗虫的农作物。那么首先，科学家要分离到一个基因，这个基因编码代表某种专门杀虫的毒蛋白。然后，科学家将该基因放在一个载体上，通过这个载体将该基因转到农作物细胞的 DNA 上去。这样，在转入这个基因的农作物细胞中就产生能杀虫的毒蛋白，虫子一吃就会被杀死。这种能杀虫的特性还可以随着 DNA 的复制而传给后代。因此，这一良好的抗虫特性就被固定下来了。

"剪刀"和"胶水"

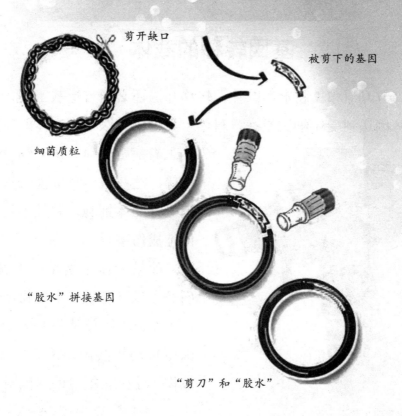

剪开缺口

被剪下的基因

细菌质粒

"胶水"拼接基因

"剪刀"和"胶水"

科学家在确定了要为某一生物转移基因之后，首先要把这个目的基因取出来。那用什么方法才能获取目的基因呢？

科学家发现了两种特殊的酶，它们相当于能切取基因的"剪刀"和连接基因的"胶水"。一种叫限制性内切酶，另一种叫连接酶。限制性内切酶能在 DNA 长链上"剪"取完整的个别基因。不同的内切酶适用于具有不同编码（开端、结尾）的基因，不会剪到别的区域。因此，它们被称作限制性内切酶。目前已发现并应用的限制性内切酶有好几百种。对于要转入目的基因的细胞，在它 DNA 长链上恰当的位置，也要用相同的"剪刀""剪"开缺口，让目的基因拼接上去。拼接基因需要连接酶，它起到胶水（也有人比作针线）的作用。通过这一番操作，转入新基因的细胞就具有了原来没有的遗传信息。至于植入的基因在新细胞中能否准确地表达，发挥预期的作用，那还要受各种因素的影响。

基因转移的载体

除"剪刀"和"胶水"以外，转移基因还必须有运载工具，才能把目的基因送到受体细胞里去。科学家发现，可以用作载体的物质大体上有病毒、噬菌体、细菌的质粒等。这些载体可以携带目的基因进入受体细胞，并且不会对受体造成伤害。

如果受体不是单一的细胞，而是一批细胞或一个生物体那又该怎么办？那就使用基因枪。基因枪可用极其微小的金（或钨）粒作为子弹。把目的基因附着在

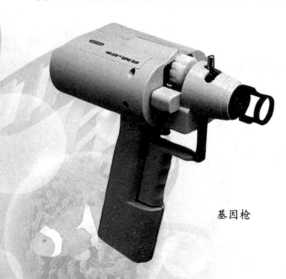

基因枪

子弹上，用高压气体射进生物体的细胞内，使它发挥作用。下面我们提到的用基因治疗疾病中，就可以采取这种方法。

"培养"基因

科学家从 DNA 长链上撷取目的基因，可以只是一个。但转移基因往往需要一批相同的基因，甚至数以万计。如果我们能像培养细菌一样

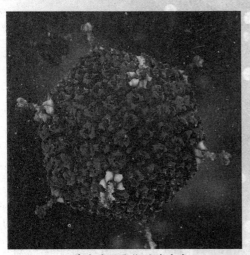

可作为基因载体的腺病毒

培养基因那该多好啊。于是，一种叫 PCR 扩增，又称作聚合酶链反应的技术，在 20 世纪 80 年代发展起来。通过这种技术，能把取得的目的基因或 DNA 片断培养，短时间内扩增上百万倍。它主要是根据所用聚合酶的特性，精确地变换温度，让 DNA 双链解开，然后又各自与反应原料结合形成新的双链，再解开……每 2 ~ 4 分钟就可完成一次扩增基因的过程。如此循环反复，复制的基因便按几何级数扩增。这项技术诞生后，不仅在基因工程上得到应用，在基因研究、基因诊断、基因治疗、基因鉴定中都有用武之地。

转基因农牧业

地球正出现着一系列危机：人口增长、土地匮乏、资源减少、环境污染……因此，可持续地发展就成了人类未来的发展的理念。

20 世纪 70 年代，农业的绿色革命已经使单位面积的产量得到了大

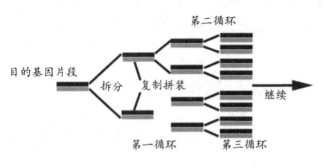

第二循环

目的基因片段　拆分　复制拼装　继续

第一循环　　　　第三循环

PCR 扩增示意图

幅度的提高。而科学家预计，基因工程和克隆技术的运用，将使作物的品种改良出现更大的突破。人们要在有限的耕地上解决日益增长的食物需求，科学育种是其中最为有力的措施。通过基因工程，科学家可以培育高产、优质、抗逆（抗病、抗虫、抗旱、抗涝、抗盐碱、抗冷、抗热等）的农作物。近年来，科学家在这方面已经取得了卓越的成就。

迄今，美国科学家已经将各种新性状基因成功地转移到了 50 多种植物上，包括粮食作物、经济作物、水果和蔬菜等。这批转基因作物已经竞相上市。美国、阿根廷、加拿大和中国是世界上种植转基因作物的主要国家。美国每年生产大量的转基因玉米、大豆、棉花；阿根廷主要生产转基因玉米和大豆；加拿大则主要种植转基因油菜籽和大豆；中国大面积种植的是转基因抗虫棉，其数量已经达到 8000 万亩以上，超过棉花种植总面积的 60％。这几年，印度的转基因棉花发展也很迅速。

棉花是一种经济作物，也是人们必需的生活资料。但棉花往往由于遭到虫害（主要是棉铃虫），产量和质量都受到很大影响。1992 年，中国因棉花虫害造成的直接经济损失就达 100 多亿元。防治棉铃虫有一种很好的方法，那就是利用棉铃虫的天敌苏

云金杆菌（Bt），因为它的毒素可以有效杀死棉铃虫。这样做虽然效果不错，可增加了农药和人工成本，还必须很好掌握喷洒的时机，才能收到应有的效果。而通过基因工程，把苏云金杆菌的抗虫基因转移到棉花的细胞中，就得到了能抗虫的抗虫棉。

美国种植的棉花中，大部分已经是转基因的。

中国还培育成了有 Bt 基因的抗虫油菜。目前中国的科学家还初步试验成功了把动物的角蛋白基因转入棉花，使棉纤维具有羊毛、兔毛的弹性和光泽。以上这些也可以看作是微生物或动物和植物之间的"杂交"，是人类塑造生命的成果。

科学家预言，未来的农业和畜牧业将是人造作物和人造畜禽的时代。人们会将一切有用的基因转移到作物或畜禽的体内，创造出各种转基因作物和转基因畜禽。

基因"药厂"

许多生物药品在治疗和免疫方面有着重要的、不可替代的功能。但生物药品一般都取之于生物，不容易合成。有的生物药品虽可通过化学合成来制备，但其工艺复杂，成本很高。在转基因技术发展的过程中，科学家就设想如何应用转基因技术，对某些生物进行基因重组，让它替代药厂的反应器，生产出所需的药品。这就是所谓的"生物反应器"。

最初的试验是用转基因的大肠杆菌发酵生产。但是，大肠杆菌属于低等生物，不可能生产出大分子的蛋白质。科学家于是想到了哺乳动物，因为它们的乳腺合成蛋白质的能力极强。随即，乳腺生物反应器诞生了。

曾溢滔院士与同事们一起成功地研制出中国第一头乳汁中表达人凝血因子Ⅸ蛋白的转基因山羊和整合了人血清白蛋白基因的转基因牛。

中国第一头携带人血清白蛋白基因的转基因试管牛"滔滔"

专家们通过转基因牛、羊的乳腺分泌，获取大量人类所需的生物药品。而且，通过转基因动物生产蛋白质，比以往从血液里提取要可靠得多。这可以避免如艾滋病病毒和肝炎病毒传染的可能性，药物的成本也更加低廉。

治疗 A 型血友病所需的凝血因子Ⅴ Ⅲ，过去都是从献血的血源来提取的，1 万升血浆中只能提取 1 克，代价十分高昂，也难以满足需要。而一头奶牛每年的奶产量是 1 万千克，如果转基因奶牛每千克乳汁中含 10 毫克凝血因子Ⅴ Ⅲ的话，那么只需要 2 头这种牛，就可以满足全美国血友病人的治疗的需要。

目前，利用乳腺生物反应器生产药用蛋白已经产业化。2006 年 6 月 2 日，欧盟药品管理局批准美国 GTC 生物治疗公司生产的抗凝血酶Ⅲ在欧洲上市，成为转基因动物研究领域的一个里程碑事件。中国在这方面也取得了一定的成绩。

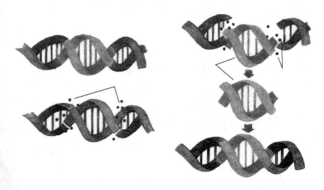

曾溢滔院士就成功地使转基因羊的乳腺中分泌出凝血因子IX。

转基因南瓜

现在，科学家正通过转基因技术，研究把乙型肝炎等的抗原引入西红柿或马铃薯。今后只要吃这些食品就可起到预防作用，而不再需要打防疫针。澳大利亚和英国的科学家正在寻找抗禽流感的基因，并将其转移到禽类身上。这样禽类就有望抵抗禽流感病毒了。

转基因食品安全吗

早熟的西红柿、抗虫大豆、带有抗菌力的玉米、可产人奶化牛奶的母牛、可在北方种植的热带作物和可以在盐碱地里播种的农作物……这一切都不是科学幻想，而是新型的食品。因为它们是通过转基因技术获得的，所以叫转基因食品。

加工原料中含有转基因大豆

据统计，目前科学家运用基因技术，已经"制造"出来的转基因动物有羊、猪、鸡等，转基因的植物有西红柿、马铃薯、烟草、南瓜等。天然的西红柿成熟以后很容易变软，不容易保存，而新转入的基因能阻止西红柿变软。还有一种西红柿，引入了杀虫结晶蛋白基因，具有抗虫害的本领。

在转基因农牧产品给人们带来效益的同时，转基因产品的安全问题引起了巨大的争议。争论的焦点之一，是转基因食品的生态安全问题。人们担忧转基因食品可能会带来我们估计不到的影响。毕竟这是一门新

DDT

DDT（双对氯苯基三氯乙烷）是一种白色晶体，1874 年被分离出来。1939 年，瑞士化学家马勒认识到它是一种有效的杀虫剂。于是，20 世纪上半叶，DDT 开始大量应用于防止农业病虫害，取得了非常好的效果。在第二次世界大战中，DDT 开始大量地以喷雾方式用于对抗黄热病、斑疹伤寒、丝虫病等虫媒传染病，在全球抗疟疾运动中起了很大的作用。例如在印度，DDT 使疟疾病例在 10 年内从 7500 万例减少到 500 万例。同时，对家畜和谷物喷 DDT，也会使其产量得到双倍增长。

但到了 20 世纪 60 年代，科学家们发现 DDT 在自然环境中非常难降解，并可在动物脂肪内蓄积，甚至在南极企鹅的血液中也检测出 DDT。鸟类体内含有的 DDT 会导致雌鸟产下软壳蛋而不能孵化，尤其是处于食物

DDT 导致鸟下软壳蛋，影响鸟类的繁殖。

链顶端的白头海雕等食肉鸟类几乎因此而灭绝。科学家研究证明，DDT会扰乱生物的激素分泌，影响生殖系统，并有明显的致癌性能，给生物包括人类带来一些难以医治的疾病。因此 20 世纪 70 年代后，DDT 逐渐被世界各国明令禁止生产和使用。

的技术，它的负面影响往往要在相当长的时间里才有可能表现出来。有人认为转基因食品可能造成基因污染，或者增强害虫、杂草的抗性，对生态环境造成严重危害。在这方面，DDT等杀虫剂的事例最能说明问题了。

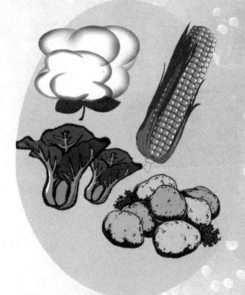

争论的焦点之二是，转基因食品对人类的健康是否存在潜在危害。一开始，美、欧两大阵营观点针锋相对。美国作为转基因食品出口大国，强调这种食品是安全的；而欧盟和日本则抵制转基因食品。据当时的民意调查显示：在英国只有14％的人表示接受该类食品，66％的法国人认为转基因食品对健康有害，甚至采取激烈的行动加以抵制。即使在美国也不是没有反对的声音。普通大众对转基因食品的疑虑有很多：如转基因食品导入了外源基因，它们是否有副作用？转移基因时所用载体可能是细菌，细菌的基因是否会致病？具有抗虫性能的转基因食品是否含有毒物质？

那么，转基因食品对人的健康究竟有没有危害呢？科学家对前面提到的两种转基因西红柿都做了毒性分析。能阻止西红柿变软的基因进入人体以后，可以在肠道内迅速降解，不会危害人体的健康。杀虫结晶蛋白对人体的胃肠道也没有任何毒副作用。因此，这两种转基因西红柿都是安全的。

中国作为联合国《生物安全议定书》的签署国，已经明确规定，转基因食品必须经过严格的安全性评价后才可以上市销售。中国还制定了一系列的相关法规，比如从国外进口转基因农产品，必须经审核批准；

国外进口的转基因产品，如大豆、玉米等，不得用作种子种植；含有转基因成分的食品，必须明确标示，使消费者有知情权和选择权等。因此，在中国销售的所有转基因食品，都已经过严格的安全性评价了。

六、基因医学

既然生物的正常机体结构与生理功能都是由相关基因来表达的，那么非正常的病理变化（除外伤所致）也一定与基因有关了。日本科学家利根川进指出：人类所有的疾病都与基因受损有关。也许有人可能会问："遗传病和基因有关，那么传染病也与基因有关吗？"应该说，传染病是病原体入侵的结果。但不同的人，对传染病的抵抗力，却有很大的差别。同样条件下，有些人易染病，有些人则不易染病，这就与基因有关。

疾病与基因

在对人类基因组这本"天书"的逐步解读之后，人类将能够对自身的生老病死知根知底，从而在为人类的健康长寿所作的努力中得到较大的回报。

　　既然人类的疾病都与基因有关，那预防、诊断与治疗就应该从基因着手了。于是，一场医学革命展开了，基因诊断、基因免疫、基因药物、基因治疗等相继诞生。基因医学将彻底改变头痛医头、脚痛医脚的局面，可以在疾病症状出现前开展预测、诊断、治疗和预防。由此，许多不治之症将变为可治，人类的健康水平会大大提高，平均寿命也能迈向百岁。

　　人类的疾病有成千上万种，那些与遗传直接相关的叫做遗传病。目前发现的遗传病有千种以上，可分为单基因遗传病和多基因遗传病。单基因遗传病包括白化病、多指、亨廷顿舞蹈病、苯丙酮尿症、红绿色盲等，多基因遗传病则有先天性心脏病、小儿精神分裂症、家族性智力低下、先天性腭裂、马蹄内翻足等。如果造成某种遗传病的基因在性染色体（第 23 对染色体，决定人的性别，女性为 XX，男性为 XY）上，这种遗传病就是伴性遗传的。例如血友病和红绿色盲的基因是在 X 染色体上。当父亲或母亲是患者或疾病基因携带者，他们的子女就会依一定的规律发病或者成为相关基因携带者。

　　多基因遗传病虽然存在先天因素，但不是一生下来就显现出疾病，一般要到一定的年龄（多数是中老年）才发病。当然，除基因外，环境因素也起到相当的作用。内因是变化的根据，外因是变化的条件，所以一些疾病基因的携带者也有可能终身都不发病。

　　孩子的基因来自父母，但不是一成不变的。在一定的外界环境条件或内部因素作用下，DNA 在复制过程中会发生偶然的差错，使个别碱基发生缺失、增添、代换，因而改变遗传信息，形成基因突变。生殖细胞的基因突变，会使出生的后代患病，比如唐氏综合征。唐氏

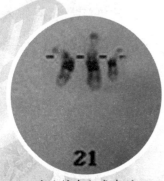

唐氏综合征患者的
21 号染色体

综合征又称为先天愚型。除了面容特殊和智力障碍外，患者通常还有多种先天性疾病。患唐氏综合征的人，多数是由于细胞内出现一条多余的21号染色体，也就是21号染色体由2条变为3条。

基因诊断

人类基因组已经全面测序，并且建立了相应的基因数据库。从理论上讲，只要把病人的基因组与正常的基因组对照就能找到差异，也就能做出相应的诊断。但用基因诊断疾病其实是相当复杂的，因为不少疾病的相关基因可能有几百个。

目前，医生大多用基因芯片来进行基因诊断。对不同的疾病有不同的诊断试剂盒，现在已经有许多针对不同疾病的诊断用芯片在市场上供应。SARS 流行后不久，中国就进行了 SARS 诊断试剂盒的研制，取得了成功。基因芯片用于诊断，具有快速、简便、灵敏、可靠、特异性强的特点。如果用基因芯片检测感染性疾病的病原微生物，会大大快于传统的实验室培养检查，并且也更精确。

当然，基因诊断并不能全面取代其他诊断手段。例如，通过基因诊断可以查出恶性肿瘤，特别是对肿瘤的早期诊断上，基因芯片的优越性更明显。但如要确定肿瘤的具体位置和大小，还必须依靠 x 射线、

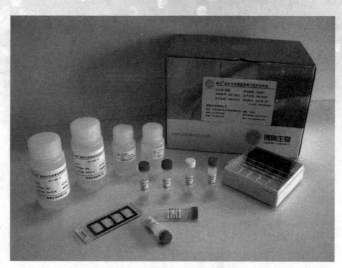

遗传性耳聋基因检测试剂盒

CT、核磁共振等。

遗传病基因的携带者，由于基因组合有隐性或显性之分，其孩子不一定就发病。但为了避免先天患病的孩子诞生，需要在妊娠早期或生殖细胞（对试管婴儿来说）阶段就进行筛选，检查是否存在疾病基因。

基因治疗

通过基因对照可诊断疾病。那么，能不能用改变基因来达到治疗疾病的效果呢？答案是肯定的。

基因治疗是一门生物医学的新技术。简单说，它是指用人的正常基因纠正有缺陷的基因。治疗时，医生把正常基因通过一定的方式导入人体靶细胞，纠正基因的缺陷或者发挥治疗作用。当然，基因治疗也包括剔除或抑制某些导致疾病的基因。

将外源的基因导入生物细胞内，必须借助一定的技术方法或载体。

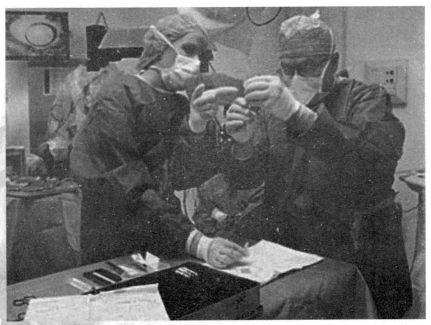

美国俄勒冈州的一个医院内，医生正用基因治疗方法为一个女孩治疗眼病。

目前基因转移的方法有很多，我们把它分为生物学方法、物理方法和化学方法。腺病毒是目前基因治疗最为常用的病毒载体之一。

20世纪90年代初，一位4岁女孩德西尔维因腺苷酸脱氨酶(ADA)基因缺陷导致严重免疫缺损，在美国国立卫生研究院治疗。医生用ADA基因治疗方法，成功治愈了小女孩。除了这个病例外，目前尚缺乏基因治疗完全成功的报道。但各国的科学家对基因治疗还是满怀信心，努力探索。

现在，科学家大都主攻那些严重威胁人类健康的疾病，比如血友病、恶性肿瘤、心血管疾病、艾滋病等。

在基因治疗的试验过程中，也发生了个别

德西尔维是基因治疗的受益者。

53

不成功导致病人死亡的案例。因此有的国家决定停止试验。然而初步取得的一些进展，还是显现了基因治疗的一线曙光。美国哈佛大学附属医院的刘宗正说：人类体内 3 万个基因中有一大半与心血管系统有关，其中有 200 来个基因与心脏衰竭相关。预计未来 5 年内，基因治疗技术的突破，将可正式运用于诊断治疗上，可能为心脏病患者带来新的希望。

复旦大学医学院一个由钦伦秀、叶青海教授领导的科研小组，成功制备出了预测肝癌转移的分子模型。这是世界上第一个能正确预测肝癌病人有无转移的分子模型。只要先把病人的肿瘤组织进行癌症相关基因的分析并计算，然后将计算结果与模型对比，即能判断肝癌转移的可能性，其准确率达到 90％以上。

美籍华裔科学家钱卓教授经过移植 NR2B 基因，成功地培育出了一批"聪明鼠"，对老年痴呆症的治疗有重要的启发。

帕金森病是一种中枢神经系统病变。由于科学界对发病的相关基因了解得比较多，国内外的科学家都开展了帕金森病的基因治疗试验。不久前一种采取多基因联合转导的方法有了新的突破，将给帕金森病患者带来福音。

钱卓和他的聪明鼠

基因治疗还包括基因调控。美国哈佛医学院的科学家在英国《自然医学》杂志上报告说，他们已经成功地利用小干扰 RNA 技术干扰相关的致病基因，治愈了实验鼠的肝炎。斯坦福大学的研究人员最近采用 RNA 抑制法，成功地关闭了小白鼠的特定基因。专家们认为，该项研究成果很可能将应用于研制新疗法，以治疗诸如癌症、丙肝和艾滋病之类的疾病。中国科学家应用砒霜治疗急性早幼粒细胞性白血病取得成功。砒霜能诱导癌细胞分化和凋亡，从而发挥治疗作用。这也属于基因调控范围。

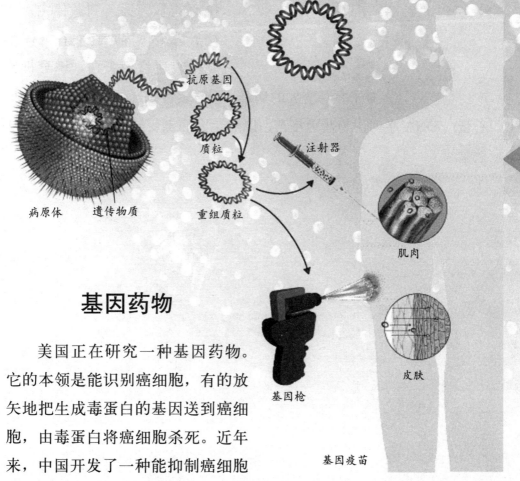

病原体　遗传物质　抗原基因　质粒　重组质粒　注射器　肌肉　皮肤　基因枪　基因疫苗

基因药物

　　美国正在研究一种基因药物。它的本领是能识别癌细胞，有的放矢地把生成毒蛋白的基因送到癌细胞，由毒蛋白将癌细胞杀死。近年来，中国开发了一种能抑制癌细胞的药物，它是一种插入抑癌基因

P53的腺病毒注射液。经过较长期的临床试验，该药物已经被批准商品生产。这种方法在世界上处于先进地位，但并不是对各种癌症都有立竿见影的效果。

P53 腺病毒注射液

基因疫苗也是一种基因药物。它的原理是将病原体编码抗原的基因插入到载体上，直接导入人体内，让它在人体细胞中表达抗原蛋白，诱导机体产生免疫应答。对于容易变异的病毒，科学家可以选择各亚型共有的核心蛋白 DNA 序列作为基因疫苗，以避免因病毒变异而影响疫苗的抗病效果。

七、克 隆

克隆是英语 clone 的音译。这个词来自希腊语 klon，原意是（植物的）扦插。也许你不懂扦插，但对于"无心插柳柳成荫"一定不会陌生。春天，折下柳树的一根小枝条插进土里，在一定的温度、水分条件下，它就能生根成长。这说明某些原本是有性繁殖的植物，也还保留着无性繁殖的能力。

克隆这个词已广泛地用于人为的无性繁殖。在某些场合，克隆已经被人们用来作为复制的代名词。一般情况下，通过有性繁殖产生的后代，包含来自父母各一半的基因，加上基因的配对有一定的随机性，

已生根的克隆植物——光叶楮

所以新的个体既不完全同于父亲，也不完全同于母亲，兄弟姐妹间也有差异。而克隆塑造的则是一个完全与母体一模一样的新生命。

植物的克隆

从理论上讲，植物的克隆可以从单个细胞开始。但在实践中，科学工作者一般都使用植物的细胞组织，相当于细胞的集合体。

试管树苗

英国的《新科学家》杂志曾报道，给不育夫妇带来福音的试管婴儿技术也给林业带来了巨大的推动力。这是怎么回事？原来，加拿大维多莉亚大学的研究人员正在利用试管受精技术培育新的杂交树种。他们把北美黄杉的卵细胞取出，然后在实验室的器皿里，把它们与同类树的花粉混合。授粉一周后，研究人员切开这些微小的植物胚胎，

知识链接

植物的有性繁殖和无性繁殖

植物的有性繁殖简单来说就是开花结果，通过种子来繁殖。一些低等植物依靠细胞分裂或断裂，或以孢子生出新的个体的方式来繁殖，这就是无性生殖。一些高等植物也能无性繁殖。例如玉米、水稻、三叶草等可以从根部分蘖，形成新的植株，草莓、吊兰等的葡匐茎也能生根。

发现它们发育十分正常。于是，这样的实验就推广开来了。这种试管植物树苗的实验成果，对林业生产是个极大的喜讯。因为试管受精技术，将使杂交树苗的培育工作大大简化。

红杉产自美国，是世界上最大的常绿乔木。它的高度可达113米，直径可达8米，树龄常达千年以上，因而被誉为"森林之王"和"树木寿星"。30多年前美国总统尼克松访华时，将一株高不过1米的红杉树苗作为珍贵的礼物送给了中国，并且还亲手种在了杭州的西子湖畔。现在，这株红杉树苗的子孙多达成千上万，已经遍及中国30多个省市。这是怎么回事呢？

原来，中国的植物学家对它进行了无土栽培。科学家将长得健康、挺直的红杉嫩枝割下来，洗净并消毒。然后，把它们切成小块，放进装有葡萄糖、植物激素、营养化合物和能刺激细胞分裂的药剂的试管里面。几个星期以后，芽就出来

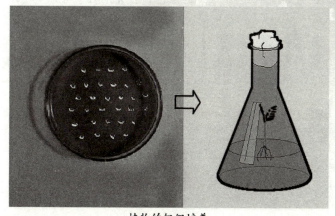

植物的组织培养

了，但是还没有根。这时科学家就给这些小芽"搬家"，把它们移植到促进长根的培养基里。等到小苗长出了根，就再次给它们"搬家"，移植到花盆或者苗圃里。就这样，一株红杉树在试管里培育出了成千上万枝，成了子孙满堂的大家族。

其实，这就是一种植物克隆技术。我们通常称其为组织培养。这种技术就是把切割下来的植物小片组织"种"在特殊的培养基上，让它长出愈伤组织，随后再移到新的培养基上，生出新芽和根系，最后移植到苗圃长成新的植株。

今天，试管植物培养已经在世界各地建立起了生产基地。在荷兰，每年以组织培养技术生产的试管花苗的收入达 20 亿美元。在中国，用试管培养而成的花卉也有近百种。经过组织培养，月季的一个芽在一年可以繁殖成功 30 000 多株花苗。小小的试管里还真能装得下一个庞大的植物园呢！

人造种子

科学家通过组织培养可以获得许许多多的植物的"芽"。科学家还在这些"芽"的外面设计了一种胶囊，将它们包裹起来。这样它们就成了我们随时可以取用的人造种子。

包裹种子的胶囊，就好像是一颗颗的鱼卵，里面有适当的水分和营养物质。它既能通气，又能保存水分和养料，而且有抗冲击的性能，完全可以与自然界

组织培养苗制成的挂件

的种子媲美。

　　人造种子的应用是育种技术上的大突破。如果用它来繁殖苗木、人工造林，成本更省、效益更高。科学家还给人工种子加入了生长剂和除草剂。

没有"外祖父"的蟾蜍

　　动物的克隆比植物的克隆复杂得多。20世纪中期，中外科学家曾做过许多动物核移植的研究。中国著名科学家朱洗、童第周等也在这方面取得了很大的成就。

　　朱洗和他的助手使蟾蜍的血细胞进入蟾蜍的卵子，在8年间孵化出了一批没有父亲的蟾蜍。其中一只母的还排卵受精，孵出许多后代。这证明了单性生殖的个体是有繁殖能力的。这些后代就是著名的没有"外祖父"的蟾蜍。

　　童第周与美国的牛满江教授合作，把金鱼的细胞核吸出，然后移植到去除了细胞核的鲫鱼卵细胞中，结果出现了一种既像金鱼又像鲫鱼的子代。按照遗传学的理论，细胞核是遗传基因的所在，移植到了去除细胞核的鲫鱼卵里，应该长出像金鱼的幼鱼才是，可为什么长出了既像金鱼又像鲫鱼的后代呢？这一反常的现象引起了童第周的深思。为了探明原因，他的科研小组又做了另一个实验。这一次，他们把鲤鱼的细胞核移植到了去掉细胞核的鲫鱼卵细胞中。你猜他们得到了怎样的鱼？是一种长着鲤鱼嘴巴及牙齿，头部有须，而鳞片的形状和数目、脊椎骨都像鲫鱼的鱼。它是一种鲤鱼和鲫鱼

童第周

的混合体。童第周与牛满江的工作，第一次在脊椎动物中证明，不仅细胞中的 DNA 能决定生物的遗传性状，细胞质中的 RNA 对细胞分化、发育也能起到作用。虽然童第周教授的工作和克隆没有直接的关系，但在他的工作中应用了复制生物所必不可少的关键技术 —— 细胞核移植技术，为动物克隆开辟了道路。

多莉的诞生

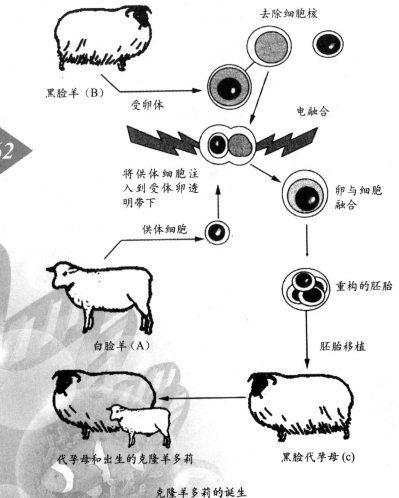

去除细胞核

黑脸羊（B）

受卵体

电融合

将供体细胞注入到受体卵透明带下

供体细胞

卵与细胞融合

重构的胚胎

白脸羊（A）

胚胎移植

代孕母和出生的克隆羊多莉

黑脸代孕母 (c)

克隆羊多莉的诞生

孙悟空从身上拔根毛，吹口气，就会变成许多一模一样的小孙悟空。当然这只是神话。但以今天的观点看，这样的神话已经实现，就是我们所说的克隆。

长期以来，科学界一直认为高等哺乳动物的无性生殖是不可能的。直到 1997 年，克隆羊多莉出世，才打破了这种观念。

英国罗斯林研究所是多莉的诞

生地。那里的研究人员把一头 6 岁母羊乳腺中的普通细胞在特殊条件下进行培养，使这些细胞进入休眠期。然后，他们把另一头母羊卵细胞的细胞核去除，再将休眠的乳腺细胞的核注入，让它发育成为胚胎。接着，这个胚胎被移到其他母羊的子宫内，孕育成小羊。这整个过程是很繁复的，成功也不容易。研究人员取了 434 个乳腺细胞，移植到 434 个去核卵中，得到了 277 个融

多莉和它的"寄母"

合细胞。这 277 个融合细胞中，只有 29 个成功发育为胚胎。这些胚胎又被植入 13 只母羊子宫内。最后历经 148 天的艰难孕期，分娩出的只有多莉一个。2003 年 2 月，多莉因年老和疾病去世。但它已被制成标本永久保存，并将长久留在人们的记忆之中，也留在现代生物科学的史册上。

多莉的诞生震惊了世界。因为它是用乳腺细胞，也就是体细胞克隆而成的，而不是用胚胎细胞克隆而成的。体细胞核克隆出来的是供体"自己"，胚胎细胞克隆出来的则是两性生殖的后代。以往的遗传学理论认为，体细胞不可能孕育一个新的生物个体，而胚胎细胞才具有全能性，可以发育成一个新的生命。多莉的出现推翻了这一已被认定了上百年的理论，实现了遗传学理论的突破，是一个了不起的进步。

自多莉诞生后十多年过去了，动物克隆又取得了许多进展。世界各国的科学家先后克隆成功了鼠、猪、牛乃至猫和猴，技术上也有了很大进展。中国的克隆研究在世界上也有一席之地。2006 年 6 月 22 日，在西北农林科技大学，克隆山羊阳阳被戴上了花环，度过了它的 6 岁生日。

阳阳是从一只成年山羊的耳朵上采集的体细胞克隆出来的。第二天，阳阳的曾孙女笑笑顺利产下一对"千金"，阳阳家族实现了五代同堂。

克隆的价值

克隆羊多莉诞生以后，科学家从中得到了启示，发现可以从克隆技术中发掘出许多以往人们根本无法想象的"宝贝"。它就像是一座宝库，人类只要合理开发利用，就会得到所需要的东西。

在医学领域，克隆技术除了可以制药以外，还可以制造病人所需要的人体器官，给器官移植带来希望。科学家预言在不远的将来，就能借助克隆技术制造出人造耳朵、软骨、肝脏，甚至心脏、动脉等组织和器官。

在园艺和畜牧业中，克隆是繁育遗传性状稳定的优质果树和良种家畜的理想手段。我们常常会有这样的感叹：以前质量很好的果子，现在似乎不怎么好吃了；以前好吃的鸡和肉，现在似乎变得不鲜美了。是不是果农和饲养场出了问题？不，这大多是因为品种退化造成的，当然也包括一味追求生长快、产量高、饲料报酬率高等因素。现在有了克隆技术，改变这种一代不如一代的状况，保持优良的品种就有了希望。科学家只要对遗传性状稳定的优良品种进行克隆，那么水果和家畜的"质量保证"就不会是一句空话了。

克隆技术还可以为人类拯救大熊猫等濒危动物助一臂之力。如果能用现存的珍稀动物的体细胞，像复制多莉羊那样进行复制，这种物种不就可以永远保存下来了吗？当然，科学家对要不要克隆大熊猫等濒危动物还存在着不同的意见。因为濒危动物本身的数量

阳阳和它的后裔

已经很少，可以供实验的个体就更少了，成功的可能性自然很小。另外，通过克隆复制动物，可能因遗传基因的单一化而导致该物种的退化。

恐龙能否复活

　　传说中的凤凰，每隔 500 年就要浴火重生一次，人们称之为凤凰涅槃。著名诗人郭沫若有一首名诗就叫《凤凰涅槃》。他在卷首写道：天方国古有神鸟名菲尼克司，满 500 岁后，集香木自焚，复从死灰中更生，鲜美异常，不再死。此鸟即中国所谓凤凰……

　　死而复生，似乎只是神话。但在实际生活中也确有一些科学家埋头从事已灭绝动物"浴火重生"的研究。

　　20 世纪 80 年代，美国的古生物学家波纳尔提出了一个绝妙的主意：

再现恐龙。波纳尔认为，只要找到恐龙的基因——DNA 分子，然后把它移植到雌性鳄的受精卵细胞中。那么，恐龙就会从鳄鱼的卵中孵化出来。

　　然而，我们从哪里去找恐龙的 DNA 呢？波纳尔设想，可以到中生代的琥珀中去寻找。琥珀是古代的树脂变成的，里面常常含有陷入其中的小昆虫。假如能找到有黑蝇或小叮蚊的琥珀就好了。说不定它们当年曾经叮过恐龙的血，这样就有可能从恐龙的血细胞中把 DNA 分离出来，再用这些 DNA 来复活恐龙了。

　　有趣的是，科学家的这一设想被搬上了银幕。这就是轰动一时的美国科幻影片《侏罗纪公园》。在影片里，一位科学家从侏罗纪留下的一块琥珀中裹着的蚊子胃里，取出了恐龙血细胞，重又塑造出多种活的恐龙。人们在小岛上的侏罗纪公园里与恐龙遭遇，演绎出种种惊险情景……

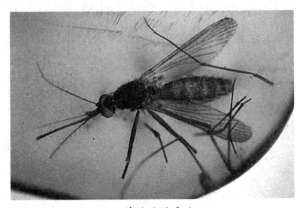

裹着蚊子的琥珀

波纳尔复活恐龙的设想，其实就是克隆。通过克隆技术复活恐龙，使这一早已绝灭的动物重现于世，这不仅是科学家的设想，也是许多人的愿望。DNA中存在着的遗传信息就好比是一张工程的蓝图，如果获得了完整的工程图纸，就可以按图施工，将恐龙造出来。

可事实上，复制恐龙并不容易。恐龙时代留下的琥珀有很多。但是要在里面发现恐龙的DNA，却犹如在大海里捞针。即使找到了恐龙的遗传密码，移植的技术也是一大难关。最为困难的是，对大多数有性繁殖的动物来说，DNA这个信使就好比是一个"软件"，这个"软件"还要有能读出它的"硬件"。

这些对复制古生物存在的问题的分析和思考，有一定的道理，但是它并不会阻碍人们探索复活恐龙这一课题。据报道，美国北卡罗来纳州立大学的古生物助理教授施魏策尔宣称，她已经成功地从距今6500万年前的恐龙腿骨化石中分离出保存完整的软组织，这些组织中还保留着遗传信息。她可能试图通过这些遗传信息复活恐龙。另有报道说，有人在北极冰原中发现了没有完全腐烂的猛犸尸体。日本科学家打算提取它的体细胞，利用现代象去掉核的卵克隆出猛犸。关键的问题是，这些遗传信息如果只是基因片段而不是全部基因组，那么克隆古生物也许只能是一个美好的愿望。

复制一个你

随着哺乳动物克隆的成功和进展，克隆人不可避免地进入了人们的视野。1997 年出版的报道多莉的一本书《克隆震撼》的副标题就是：复制一个你，让你领回家。

从理论上讲，克隆了羊，也克隆了牛，克隆人也是可行的。绵羊和人类都是属于哺乳动物。克隆羊的无性繁殖技术同样可以运用到人类自己身上。但是真正克隆起来恐怕并不简单，也不仅仅是克隆技术上的问题。

人非一般动物，可供科学家做大量的实验。我们知道，在多莉的诞生过程中，科学家动用了 13 个假妈妈，总共使用了 277 个融合细胞，最后成功培育的只有多莉一个。如果在人身上做这样的实验，会遇到许多意想不到的问题和麻烦。

从生物学角度来说，人是细胞的集合体，是特定的基因组合。从社会学的角度来说，人是社会关系的总和，是有思想的高等动物。如果说，人只是特定的基因组，是生物学上的人，那么克隆人也就是和他的亲本相同的人。但是，人不仅是生理之人，而且是生物、心理和社会的集合体。

所以克隆出来的人，也不可能同亲本一模一样，是他们的复制品。即使是多莉，生理上是一头多塞特绵羊的复制品，与它的亲本具有相同的基因组，可它的生长环境与其亲本存在着区别，它们的诞生时

间不同、空间不同，它们吃的草也不同……反对克隆人的关键理由也就在这里。因为克隆人也是人，不能被当做别人的工具。他们应该受到尊重和公平的待遇。他们不能任人宰割，成为器官的备用品或生命延续的另一个部分。

此外，克隆人还可能会带来其他严重的负面后果。由于克隆时体细胞需要在培养基里加以培养，而培养基的理化环境可能对体细胞有影响，因此可以预计，会出现相当多的畸形、缺陷甚至怪异的克隆人。他们一旦产生，人们将怎么办？即使是正常的克隆人，当他长大发育成人，我们也没有理由要求他做我们要做而他不愿意做的事情。

科学家还认为，用无性繁殖的方法复制人，将会使人类失去遗传基因的多样性，从而威胁到人类这一物种的生存。克隆人是对人的生命个体的"独特的基因型权利"的侵犯。人应该热爱自己独特的生命形式，也应该接受个体自然的死亡，这是保护个性特征、人格尊严和人类生命形式丰富性所必需的。

另外，克隆人会对现有的伦理、家庭结构和社会秩序产生冲击，使传统的亲情、家庭责任和社会义务都丢失……这一切都是不可思议的。"复制一个你，让你领回家"，这个复制的"你"与你究竟是什么关系？是兄弟？是姐妹？还是父子或母女？亦或就是你自己？"你"叫什么名字？你所有的一切是否也归"你"所有？

因此，世界上绝大多数国家的政府和科学家都禁止和反对克隆人。

克隆动物简史

蛙：青蛙是第一种被用于克隆实验的动物。1952年，科学家首次通过从发育到后期的胚胎中提取细胞核进行克隆实验，但失败了。1970年，英国生物学家用同样方法尝试克隆，结果青蛙卵发育成了蝌蚪，但它在开始进食以后就死亡。

鼠：第一只体细胞克隆鼠出生于1997年。目前日本、英国、美国和意大利等国的科学家已经获得了"克隆的克隆"的第二及第三代克隆鼠。

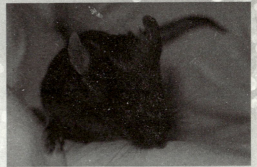

羊：1997年，克隆羊多莉诞生。

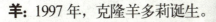

牛：能都和加贺是最早的两头体细胞克隆牛，1998年7月5日出生在日本。尽管这两头牛早产近40天，但发育正常。

猴：2000 年 1 月，美国科学家宣称第一次成功克隆出灵长类动物，一只名为"泰特拉"的克隆猴。

猪：首批体细胞克隆猪共 5 只，出生于 2000 年 3 月 5 日。

猫：2002 年初，世界上第一只体细胞克隆猫诞生了。它来到这个世上很不容易，科学家共实验了 188 次才获得了成功。

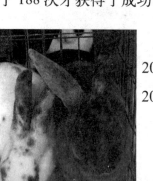

兔：科学家进行了数次实验，共培育了 2000 多个转基因卵细胞，但最后只有 6 只于 2002 年培育成功，克隆兔诞生了。

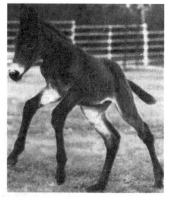

狗：2005 年，韩国首尔大学黄禹锡研究小组培育出全球第一只克隆狗。

骡子：2003 年 5 月 29 日，美国科学家宣布成功培育出一头克隆骡子。

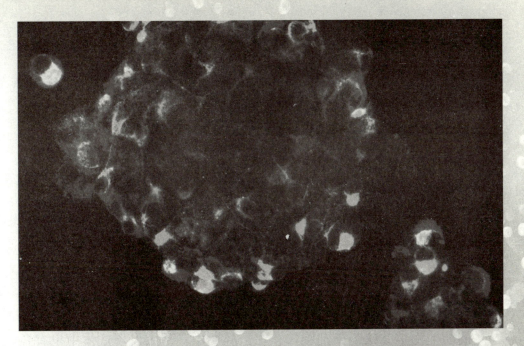

八、神奇的"种子"—— 干细胞

干细胞被称为万能细胞。那什么是干细胞？它和普通的体细胞有什么差别呢？

人体大约有 60 万亿到 100 万亿个细胞，其种类有 260 多种。但作为"人之初"的受精卵却只是一个细胞。人体后来拥有的这么多种类和数量的细胞，都是由这一个细胞分化而来的。

在人体的生长过程中，细胞通过分裂达到数量上的增殖。体细胞都有一定的寿命期，会死亡。其位置会由分裂所得的新细胞来代替。但细胞的分裂能力也是有限度的。正常细胞在分裂 50 次后，就进入衰老期。此后，它不再分裂，直至自然死亡。所以，凡是生物总有一定的寿命，不可能长生不死。

细胞还有多样化问题。多细胞生物的细胞总有许多不同的类型，它们各司其职,分工合作。但这些不同类型和功能的细胞,都是由同一种胚胎细胞分化而来的。这种胚胎细胞就是干细胞,它能分化出不同类型的细胞。这里的"干"的含义和读音与"树干"的"干"相同。树干会分出许多枝桠,枝上会长出树叶,还能开花结果,与干细胞的本领异曲同工。

由于干细胞能分化成身体中各种类型的细胞,因此给予我们丰富的想象。相信随着相关研究的深入,干细胞在治疗疾病、器官再生和延年益寿等方面的潜力会越来越显现。

干细胞的研究

最初生物学家认为干细胞仅存在于胚胎中,后来发现成体中也有各种不同的干细胞。人类成体干细胞最早是在骨髓中发现的。20 世纪 50 年代,美国华盛顿大学的医学家托马斯发现骨髓中具有一些能分化为血细胞的母细胞。1956 年,托马斯完成了世界上第一例骨髓移植手术,这也是世界上第一例干细胞移植手术。托马斯也由此成为造血干细胞移植的奠基人。

艰难前行

20 世纪 60 年代,研究人员在脾脏中发现了造血干细胞。此后,研究又发现在体内一些经常更新的组织,如血液、皮肤和肠道黏膜上皮中,也存在着干细胞。它们能不断地分化,用以补充组织中老化或受损的细胞。举例来说,一个体重 70 千克的人,每天需要更新至少 100 亿个血细胞。这种消耗量,就依赖造血干细胞分化产生的细胞来补充。

干细胞可以分为三类:全能干细胞、多能干细胞和专能干细胞。全能干细胞可以分化成生物所有类型的细胞,由此而形成生物完整的个体。

人类的精子和卵子结合后形成受精卵，这个受精卵就是一个最初始的全能干细胞。多能干细胞具有分化出多种细胞组织的潜能，但却失去了发育成完整个体的能力。专能干细胞则只能分化成某种类型的细胞。如造血干细胞可分化成红细胞、白细胞和血小板等血液里的各种细胞，神经干细胞可以分化成各类神经细胞。此外，干细胞与体细胞的不同之处还在于它本身可以无限增殖。

干细胞能够分化成各种体细胞，因此为治疗多种难以治疗的疾病带来了希望。由于生物的组织和器官是各种细胞的组合，而各种细胞又都由干细胞分化而来，所以我们就设想能不能用干细胞来人工培育出组织与器官。于是，基因医学发展的同时，人们又开始了对干细胞医学的憧憬。

在干细胞研究中，科学家又发现一种"一专多能"的成体干细胞。在一定的条件下，它有可能横向分化，转化为其他类型的干细胞，如脂肪干细胞可以转化为平滑肌细胞，骨髓干细胞能转化为肝脏细胞或脑细胞。

全能干细胞由于其全能性而格外引人关注。1998年，美国科学家首次从胚胎中成功地分离出干细胞，并培养出第一个人类胚胎干细胞系（同一个细胞的后代被称为一个细胞系）。此后，全球掀起了人类胚胎干细胞研究的热潮，同时也引发了一场有关伦理道德的大辩论。

胚胎干细胞为什么会引来那么大的争论？有人认为，提取胚胎干细胞就会破坏一个胚胎，也就是害了一个生命。也有人认为培育胚胎干细胞会给克隆人提供机会，所以坚决反对。各国政府对提取胚胎干细胞的态度也各不相同。不久前，美国

全能干细胞

多能干细胞

血液干细胞

其他专能干细胞

特定功能细胞

红细胞　血小板　白细胞

干细胞分化示意图

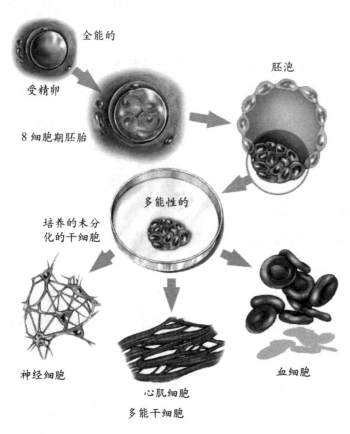

全能的

受精卵

8 细胞期胚胎

胚泡

多能性的

培养的未分
化的干细胞

神经细胞

心肌细胞

多能干细胞

血细胞

总统布什就用否决权，否决了一项支持胚胎干细胞研究的法案。

虽然成体干细胞也具有横向分化的可能性，但终究不能完全替代胚胎干细胞的作用。但胚胎干细胞的获取和研究涉及诸多伦理和法律问题，有些科学家就采取绕道而行的办法，培育人兽混合胚胎。他们把人体细胞核植入动物的卵壳形成胚胎，并在其发育的初期取出全能的胚胎干细胞供试验研究。2007 年 9 月初，英国人工授精与胚胎学管理局宣布，允许科学家制造用于科学研究用途的人兽杂交胚胎，成为第一个批准进行人兽混合胚胎研究的西方国家。这件事也引起了激烈的争议。事实上进行这种试验的事例并非个别，中国的科学家也进行过人兔混合胚胎的试验。从医学研究角度出发，这种研究有它独特的价值，但必须严格加以限制。例如，这种胚胎的培育不能超过 14 天，也就是不允许使胚胎发育成形。

开辟第二战场

2007 年 11 月 20 日，日本京都大学的山中伸弥和美国威斯康星大学

山中伸弥

的汤姆森分别在《细胞》和《科学》杂志上发表论文，宣布他们用基因改造的手段，将人类的体细胞改造成了胚胎干细胞。这是一种全新的获得胚胎干细胞的方法。有了它，科学家就不需要用人的卵细胞，也不需要培育人类胚胎并将它破坏，更不用想尽法子去制造人兽混合细胞了。因此，这无疑是个里程碑式的进展。

体细胞是一种已经分化得十分成熟的细胞，其命运已经定型。山中伸弥和汤姆森用逆转录病毒为载体，把4个不同作用的关键基因转入体细胞内，令其与原有的基因重组，从而让体细胞重新返回到"生命原点"，变成一个具有胚胎干

知识链接

骨髓移植

从外周血中分离造血干细胞的设备

目前，医生已经不用直接抽取骨髓用于骨髓移植了。现在的方法是，首先用药物将骨髓中的造血干细胞大量动员到外周血液中去，然后从外周血中过滤浓集抽取，输入病人体内。这种方法既方便采集，对供者的损害也很小。

骨髓移植的最大难题在于配型，就是说供者与受者的某些基因要尽可能相配，最好是HLA（人类白细胞抗原）六个位点完全相合，否则可能出现排异反应。如果出现排异，受者的免疫系统会认为移植入的造血干细胞是入侵的异类而加以排斥，使治疗失败。现在，科学家发现新生儿的脐带血中含有许多造血干细胞。移植这种细胞只要HLA有三个位点相合就行，配型成功的几率提高了很多。

细胞特性的多功能的干细胞。人们称这种细胞为诱导多能干细胞。

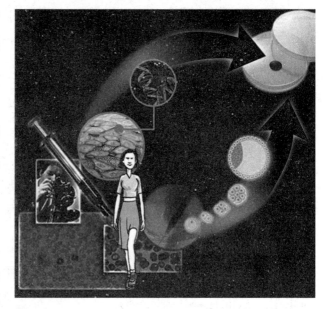

不过运用这种技术，干细胞转化的成功率非常低。而且由于使用了逆转录病毒作为基因载体，会引发致癌基因的活性。因此，必须改善基因转入的方法。这项成果成为干细胞研究领域的一个新起点。一旦相关的技术问题解决后，存在伦理争议且耗资不菲的传统人胚胎克隆技术将"不再有必要"。

2009年3月，日本科学家梶庆辅和加拿大科学家 利用转座子取代病毒载体，高效制备出无病毒成分的小鼠诱导多

梶庆辅

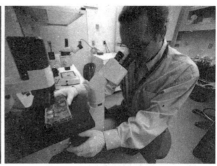
纳吉

能干细胞。随后，他们又成功将先前导入的转录因子基因从诱导多能干细胞中移除，避免了诱导多能干细胞基因组中外源DNA的整合带来的潜在风险。

利用诱导多能干细胞，科学家不仅可以为病人定制器官、修复致病的基因缺陷，还能制造疾病模型，用于研究一些疑难杂症的发生、发展和治疗方法。尽管目前诱导多能干细胞还存在很多问题，需要科学家进

一步探索研究。有不少科学家认为，诱导多能干细胞很可能像20世纪的疫苗和抗生素一样，彻底改变21世纪的医学。

绝症不绝

干细胞的研究成果，为白血病等绝症患者带来了福音。白血病其实有不少类型，有些也有药物治愈的可能。但急性髓细胞白血病和急性淋巴细胞白血病的病人，其骨髓造血功能受到破坏，药物化疗也无能为力，只有将健康骨髓中的造血干细胞植入病人体内，使其造血及免疫功能获得

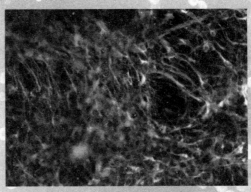

利用皮肤细胞，科学家已构建出了诱导多能干细胞，进而分化得到了帕金森病患者缺少的神经细胞。

重建。20世纪中期，这一治疗方法初见成效。经过几十年的努力，医生们已经在这方面积累了丰富的经验，治疗方法也有了新的进展。

此外，有一些难以治疗的慢性病，例如有的人心肌局部坏死，有的人脊髓损伤造成瘫痪，经干细胞移植都有治愈的可能，至少在动物试验中已经取得成功。还有报道说，美国医学家从血液中提取干细胞，用以重建患者受损的免疫系统并获得了成效。但若要取得好的疗效，避免排异现象，使用病人自身的干细胞比使用胚胎干细胞更好。科学家还希望用干细胞来治疗小儿糖尿病、早老性痴呆症、帕金森病等疾病。

塑造人体"零件"

现在遇到某些组织（皮肤、血管和骨骼等）缺损，或某个器官（心、

肺、肝、肾等）坏死的病人，外科医生会进行组织或器官的移植。但组织移植一般是在病人身上就地取材，实际上就是挖肉补疮。例如，烧伤面积大的病人可供移植的皮肤很少，要植皮就很困难。器官移植则面临着可供移植的器官来源的问题。大多数的病人都因没有可供移植的器官而死亡。

比较深入地了解干细胞的神奇性质以后，科学家就想，既然整个人体是由干细胞分化出来的，那么能不能让干细胞来塑造可用于移植的"零件"呢？如果能成批生产，建立起"零件"库，按需供应，那能挽救多少人的健康和生命啊！如果再用基因技术，进行基因修正的话，零件可以适用于所有的人，不会发生免疫排异反应，那该有多理想啊！

目前，用干细胞培育皮肤、小血管、肌肉、韧带等组织的方案已经实现。下面介绍些具体的事例。

膝盖修复液

美国南加州大学的万斯尼兹博士领导的研究小组，利用一种膝盖润滑液与从脐带血中提取的干细胞，成功使山羊膝盖中的软骨再生。做这样的实验，是希望利用干细胞治疗人体受损的膝盖软骨。英国足球超级联赛的一些球星，正在将他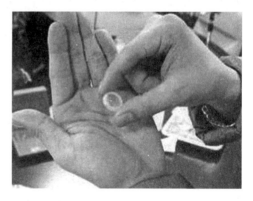们孩子的脐带血干细胞储存在利物浦的国际细胞银行里。一旦他们的韧带或肌腱受损，就可以用来治疗。

以色列希伯来大学的盖兹特教授领导的研究小组，从人体骨髓和脂肪组织中提取干细胞，并将这些干细胞移植到实验鼠撕裂的肌腱里。结果发现,这些细胞不仅在移植过程中存活,而且被"召唤"到受伤的部位,帮助修复受伤实验鼠的肌腱组织。

让盲人获得光明

视网膜色素上皮细胞对视力至关重要,它的主要作用是为眼睛的感光细胞提供保护。一旦视网膜色素上皮细胞发生缺陷,感光细胞就不能正常工作,视力就会衰退,以致失明。治疗这样的病人,以往仅靠捐献,但供体数量少,而且手术也不安全。科学家设想,如果用胚胎干细胞来诱导分化视网膜色素上皮细胞,移植细胞的数量和质量就能得到保证了。

眼角膜受伤的病人,需要可供移植的角膜。在供不应求的情况下,日本大阪大学的西田幸二提出了解决之道——"以口补眼"。他从患者的口腔黏膜中提取干细胞,重建患者的角膜,让视力几乎全失的患者重见光明。

让瘫痪者站起来

瘫痪的人要站起来,可是件不容易的事情。干细胞的研究为人类实现这个梦想迈出了重要的一步。

美国约翰·霍普金斯大学的克尔博士领导的研究小组,在干细胞治疗瘫痪方面取得了令人振奋的成果。他们把老鼠胚胎干细胞与特定化学物质相结合后,植入瘫痪老鼠的脊髓内。在化学物质的引导下,这些干细胞在脊髓内定向成长为运动神经元,迅速取代了死亡的神经元,并且在脊椎和腿部之间形成了连接神经。6个月的治疗后,15只瘫痪的老鼠中,有11只获得了部分的康复。它们能用原本已经瘫痪的四肢支撑起身体,迈开步子并向前挪动了。

这样神奇的结果究竟是怎样发生的?原来,植入老鼠体内的干细胞产生了两种蛋白质。一种蛋白质能提高老鼠神经细胞的生存能力，另一种可加强不同神经细胞间的联系。正是这两种蛋白质促进了瘫痪老鼠的康复。

从这项实验中，研究者还得到了这样的一种认识：要想生成新的肌肉细胞，单单注射干细胞是不够的，还要配合使用一定的化学药剂。因此这个疗法被称为干细胞鸡尾酒疗法。

瘫痪的老鼠可以治愈，那么治疗瘫痪的人还要多久？克尔博士认为，治疗人类脊髓损伤不是一件简单的事情，还要经过多年的研究和实践。不过从瘫痪老鼠的治愈中，我们已经看到了希望。

神经干细胞"种"进大脑

假如人脑中的神经损伤了，那么运动和智力就会受到影响。随着现代医学的发展，干细胞移植技术已经运用到人体最重要、最复杂的部位——大脑。

2006 年 5 月，北京海军总医院为一位脑瘫婴儿做了神经干细胞移植手术。医生先从流产胎儿大脑中取出脑组织，然后进行细胞培养和扩增。手术时，医生先在患儿头上穿刺，然后在 B 超的引导下，用探针将健康的神经干细胞"种"进患儿的受损大脑里。目前该患儿的智力发育已追上同龄人。

科学家认为在不久的将来，大脑中枢

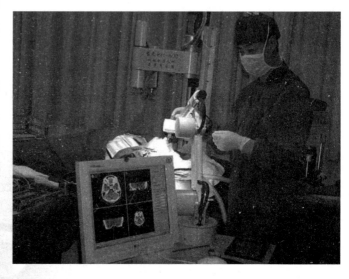

神经死亡造成智力障碍的病人，可以通过干细胞移植技术进行治疗。甚至有人还预测，把神经干细胞"种"进大脑，可以提高普通人的智力。

人造心脏

现在，用干细胞培育组织已经取得了很大的进展。但是，要制作器官可就不那么简单了，从组织到器官间还有很长的道路。器官的结构很复杂，不是某一种细胞的简单堆积。例如一颗心脏，不但有两个心房、两个心室，还有瓣膜、血管和神经。它的结构模式来源于遗传基因，它的各种细胞是在胚胎发育过程中逐步形成的。这好像造一栋房子，要有设计图，要有水泥、沙石、钢筋和玻璃等材料，还要各个工种的协调配合。

不过，科学家已经取得一些进展。以色列工学院的格普斯坦教授等人在实验室中成功创造出世界第一颗搏动的"微型心脏"，有望用于修复心脏组织，造福数以百万计的心脏病患者。他们先用胚胎干细胞生成心脏细胞、内皮细胞和成纤维细胞三种细胞，然后把它们植入可生物降解的结构中。几个星期后，这些细胞合为一体，形成一小片搏动的心脏组织。这片心肌不足 1 平方厘米，布满微细血管，与构成心脏的复杂组织非常相似。

美国明尼苏达大学泰勒教授领导的研究团队则成功培养出全球首颗

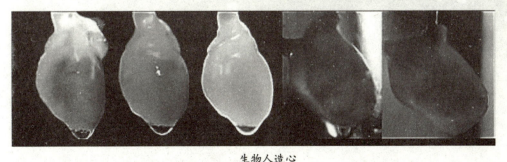

生物人造心
左三：老鼠心脏的去细胞化过程
右二：注入活性心脏细胞后心脏重新开始生长并恢复跳动的过程

在体外可自我生长的活体心脏。他们计划把这种再生技术推广到多种器官，为众多排队等待移植器官的患者带去福音。他们采用的是"换细胞、留结构"的方法。首先从死老鼠尸体中取出一颗完整心脏，通过强力清洗剂浸泡去除细胞，只留下心室、血管、心脏瓣膜等心脏结构。随后，他们把新生老鼠身上抽取的干细胞注射入这个心脏。在实验室的无菌培养皿中，这颗心脏 4 天后开始收缩，8 天后开始怦怦跳动。

　　人类有巨大的创新能力，科技的发展也没有止境。可以预见，人造器官进入临床应用的一天已经离我们不远了。

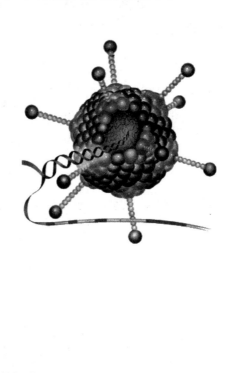

结 束 语

在这本书里，我们从生命的起源说到生物的进化，从基因的秘密讲到分子生物学，从动植物的克隆拓展到塑造生命……这个漫长的过程，记录了人类科技进步的历史。

21世纪是生命科学的世纪，生命科学还将有难以想象的飞跃。人类正在进一步认识生物、塑造生物，使各种生物更好地为我所用。与此同时，我们也将塑造人类自己，使我们更健康、更聪明、更长寿。

科学是一柄双刃剑，既能造福人类，也可能给我们带来灾难，就看我们如何去掌握它！科学家是一群有远见卓识的人。他们在创造和发明的同时，也清楚地意识到科学的两重性。纵观科学技术的发展史，我们就可以知道这一点。20世纪飞速发展的科学技术，在为社会造福的同时也带来了许多负面的影响。爱因斯坦著名的"质能方程式"是科学史上最伟大的发现，原子核能从此被开发出来。但核武器的应用使人类遭受了巨大的苦难。这不是爱因斯坦或核裂变的错，而是掌握了它的人类将其用错了地方。

生物技术既是一座宝库，也是一个潘多拉魔盒。说它是一座宝库，是因为这项技术的合理开发确实可以为人类带来许许多多的好处；说它是一个魔盒，是因为它有可能给人类带来许许多多意想不到的后果。自克隆羊多莉诞生以后，人们就担心，如果有人利用这项技术复制出了恶魔怎么办？如果复制出了大量的怪物怎么了得？因此许多人对克隆技术既欢喜又恐惧。于是，有人提出了要为克隆技术立法。人们呼吁社会学家、哲学家、经济学家和生物学家共同研讨，从社会发展和伦理的要求，以及经济的成本与效益的角度，进行论证、监督和管制，以此来决定生物技术的发展方向。

　　未来也许是无法预测的，可人类毕竟是以良知、理性和智慧的光辉来照亮发展的征程的。我们相信，人类能理性、成熟地和正确地应用基因、克隆和干细胞等新生物技术。希望读者在这本书里，获得有益的知识和正确的理念。这是我们编辑这本书的愿望。

测 试 题

一、选择题

1. 地球上的生命是____的。

    A. 自然发生   B. 上帝创造

    C. 从外星来   D. 从无机物质到有机物质逐步形成

2. 大多数科学家认为，地球上的生命起源于____。

    A. 海洋   B. 陆地   C. 火山口   D. 太空

3. 地球上的生命诞生于大约____年前。

    A. 31 亿   B. 38 亿   C. 3.5 万   D. 46 亿

4. ____元素是地球生命的基础。

    A. 硫   B. 氧   C. 碳   D. 氮

5. ____通过实验证明，生命是不可能自然发生的。

    A. 达尔文   B. 奥巴林   C. 巴斯德   D. 米勒

6. 以澄江动物群为代表的物种大爆炸，发生在____。

    A. 白垩纪   B. 奥陶纪   C. 二叠纪   D. 寒武纪

7. 玉米的祖先是____。

    A. 高粱   B. 大刍草   C. 米草   D. 小米

8. 家养动物中通过杂交手段培育的是____。

    A. 骡子   B. 山羊   C. 驴   D. 黄牛

9. 无籽西瓜的染色体是____。

    A. 二倍体   B. 四倍体   C. 三倍体   D. 单倍体

10. ＿＿发现和阐明了染色体的基本结构。

    A. 摩尔根   B. 约翰森   C. 沃森和克里克   D. 米歇尔

11. DNA 的主要成分是＿＿。

    A. 胸腺嘧啶   B. 核糖核酸   C. 脱氧核糖核酸   D. 鸟嘌呤

12. 四种碱基每三个为一组，可以得到＿＿不同的组合。

    A. 12 种   B. 24 种   C. 32 种   D. 64 种

13. 人类细胞核中的染色体有＿＿。

    A. 23 条   B. 32 条   C. 23 对   D. 12 对

14. 人类基因组计划开始于＿＿。

    A. 1900 年   B. 1990 年   C. 2000 年   D. 1980 年

15. 人类个体之间外形上的差异很大，但基因的差异只有＿＿％。

    A. 5% 以上   B. 1% 以上   C. 0.5% 以下   D. 0.1%

16. 人的血型大致可以分为＿＿。

    A. 3 种   B. 5 种   C. 6 种   D. 4 种

17. ＿＿通过实验证实遗传因子存在于细胞的染色体中。

    A. 摩尔根   B. 孟德尔   C. 约翰森   D. 米丘林

18. 基因芯片上的基因探针是＿＿。

    A. DNA 片段   B. 氨基酸   C. 染色体   D. 蛋白质

19. 基因工程所使用的"剪刀"和"胶水"是一种＿＿。

    A. 核酸   B. 遗传因子   C. 酶   D. 碳水化合物

20. 抗虫棉之所以能抗虫害是因为＿＿。

    A. 使用了农药   B. 增施了肥料   C. 转移进了抗虫基因   D. 进化

21. 中国对转基因农产品的进口，采取＿＿的政策。

    A. 禁止   B. 开放   C. 经过审核批准   D. 没相关政策

22. ____属于单基因遗传病。

    A. 高血压   B. 糖尿病   C. 白化病   D. 近视眼

23. 目前基因治疗最为常用的病毒载体是____。

    A. 流感病毒   B. 天花病毒   C. 腺病毒   D. 甲肝病毒

24. 克隆的意思就是____。

    A. 转基因   B. 利用生物的细胞进行无性繁殖

    C. 干细胞培养   D. 不用细胞的繁殖

25. 克隆多莉所用的体细胞来自____。

    A. 耳壳细胞   B. 血细胞   C. 乳腺细胞   D. 肝细胞

26. 提出生命起源三部曲的是____。

    A. 奥巴林   B. 克里克   C. 沃森   D. 米勒

27. 文特尔关于生命起源的实验，是创造出一种____。

    A. 微球体   B. 团聚体   C. 人造染色体   D. 人工细胞

28. 人类最近发射到火星的探测器是____。

    A. "希望号"   B. "机遇号"   C. "凤凰号"   D. "火星3号"

29. 最早提出生物进化学说，并写了相关著作的是____。

    A. 米丘林   B. 达尔文   C. 文特尔   D. 赫胥黎

30. 恐龙的灭绝大概发生在____年前。

    A. 6500   B. 15 000 万   C. 1500   D. 6500 万

31. 植物的克隆与动物的克隆主要的不同在于____。

    A. 只要有小片组织   B. 只要有种子

    C. 只要有营养液   D. 只要有植物的根

32. 在基因工程中，用以把目的基因分离出来的工具是____。

    A. 锋利的刀片   B. 胰蛋白酶   C. 分子针   D. 限制性内切酶

33. 患有唐氏综合征的人是因为____。

    A. 缺少了一条2号染色体　　B. 缺少了一种酶

    C. 染色体断裂　　　　　　D. 多了一条21号染色体

34. 培育出没有"外祖父"蟾蜍的中国科学家是____。

    A. 朱洗　B. 童第周　C. 牛满江　D. 陈景润

35. 能够发育成为一个新个体的干细胞是____。

    A. 胚胎干细胞　B. 神经干细胞　C. 肌肉干细胞　D. 卵巢干细胞

36. 现在比较普遍应用的干细胞治疗技术是治疗____。

    A. 血友病　B. 神经官能症　C. 烫伤　D. 某些类型的白血病

37. 医学科学上目前正在努力研究的干细胞工程是培育出____。

    A. 新的物种　B. 人造器官　C. 恐龙　D. 猛犸

38. 我们在学习上要取得优良成绩，主要靠____。

    A. 移植聪明基因　　　　　B. 增加营养

    C. 通过运动增强体质　　　D. 主观努力加上好的学习方法

39. 现在提取造血干细胞的主要方法是____。

    A. 从骨髓中提取　　　　　B. 从胚胎中提取

    C. 从外周血中提取　　　　D. 从心脏里提取

40. 中国对转基因食品采取的方针是____。

    A. 禁止生产与销售　　　　　B. 禁止进口

    C. 严格检验并让公众有知情权　　　D. 逐步淘汰

二、是非题

1. 现在我们研究生命科学的目的是让人类可以长生不死。

2. 在地球诞生之日起，地球上就有生命。

3. 可以肯定，除地球以外，宇宙间其他星球上不可能有生命。

4. 人类从事原始农牧业起，就发现好种出好苗。于是，人类开始塑造物种。

5. 育种工作所采用的多数诱变手段，并不能预知物种变化的方向。

6. 克隆人是改良人类自己的首选方法。

7. 各种干细胞都可以培育出一个新的生物个体。

8. 现在我们已经可以培育出各种人造器官，例如心脏、肝脏、肺等，供移植之用。

9. 转基因加上克隆，我们有可能比较方便地生产出一些生物药品。

10. 基因治疗已经可以治愈各种常见疾病。

89

测试题答案

一、选择题
1.D 2.A 3.B 4.C 5.C 6.D 7.B 8.A 9.C 10.C
11.C 12.D 13.C 14.B 15.C 16.D 17.A 18.A 19.C 20.C
21.C 22.C 23.C 24.B 25.C 26.A 27.C 28.C 29.B 30.D
31.A 32.D 33.D 34.A 35.A 36.D 37.B 38.D 39.C 40.C

二、是非题
1.(×) 2.(×) 3.(×) 4.(√) 5.(√)
6.(×) 7.(×) 8.(×) 9.(√) 10.(×)

图书在版编目 (CIP) 数据

塑造生命 / 张辉编写 . —上海: 少年儿童出版社，2011.10
(探索未知丛书)
ISBN 978-7-5324-8926-8

Ⅰ.①塑... Ⅱ.①张... Ⅲ.①生命科学—少年读物
Ⅳ.① Q1-0
中国版本图书馆 CIP 数据核字（2011）第 219232 号

探索未知丛书

塑造生命

张　辉 编写

陈佳亦 图

卜允台　卜维佳 装帧

责任编辑 王　音　郁慧芳　美术编辑 张慈慧
责任校对 王　曙　技术编辑 陆　赟

出版 上海世纪出版股份有限公司少年儿童出版社
地址 200052 上海延安西路 1538 号
发行 上海世纪出版股份有限公司发行中心
地址 200001 上海福建中路 193 号
易文网 www.ewen.cc 少儿网 www.jcph.com
电子邮件 postmaster@jcph.com

印刷 北京一鑫印务有限责任公司
开本 720×980 1/16 印张 6 字数 75 千字
2019 年 4 月第 1 版第 3 次印刷
ISBN 978-7-5324-8926-8/N·948
定价 26.00 元